文系でもよくわかる

日常の不思議を物理学で知る

松原隆彦

山と溪谷社

はじめに

物理学を専門的に学んでいない人、むしろ学生時代に物理嫌いだった人にも物理学のおもしろさを伝えられたらとの思いから、前著『文系でもよくわかる 世界の仕組みを物理学で知る』を上梓したのが2019年3月のことだ。

前著では、空が青い理由やメールが届く仕組みといった身の回りの話も取り上げたが、物理学の二大理論である「相対性理論」と「量子論」にもページを割いたので、日常生活では遭遇することのない宇宙規模のマクロな世界の話や原子の中といったミクロな世界の話も多くなった。

今回は、なるべく日常生活のなかで遭遇する「なぜ」をテーマにしようと思う。

子どもには、身の回りのいろいろなことに興味が芽生え、「なんで?」「どうして?」と大人を質問攻めにする「なぜなぜ期」があるといわれる。それこそ「なんで空は青いの?」とか。

大人になると、なかなか「なぜ？　なぜ？」と聞いてばかりはいられなくなるが、その「なぜ」は解消されただろうか。むしろ、便利な家電がどんどん登場し、原理はわからないまま便利に使っているなど、身の回りの「なぜ」は増えているのではないだろうか。

今の生活には欠かせないものになっているスマホは、どうやって情報をやり取りしているのだろうか。車高の高いバスがカーブを曲がるときに倒れそうで倒れないのはなぜだろうか。そもそも、液体の水に固体の氷が浮かぶのはなぜだろうか――。

物理学を知ると、こうした身の回りの「なぜ」が理解できるようになってくる。同時に、身の回りの「なぜ」を一つひとつひも解くうちに、電波や光の性質がわかったり、原子や素粒子（物質を構成する最小単位）の性質がわかったり、物理学がどんどん身近なものになってくると思う。

遠い世界のルールのように感じる相対性理論や量子論にしても、実は身近にあるものに応用されていたりする。たとえば、ＣＤやプリンター、パソコンのマウスなどに使われているレーザー光の開発には、量子論が一役買っている。しかも、相対性理論で有名な物理学の巨匠・アインシュタインの発見が、おおもとにはある。

学生時代に物理学が嫌いだった人は、「現実離れした仮定のもとでひたすら計算させられる教科」といった印象をもっている人が多いと思う。まるで現実と物理学の世界はぶっつり切れているかのように。でも、本来の物理学は、世の中の仕組みや原理を追求するものであって、私たちが生きている世界を知るための学問だ。

その一方で、物理学を知ることで、それまで当たり前すぎて気にも留めていなかったことが、あやふやに感じられるようになることもある。たとえば、時間は過去から未来に流れていくとは限らないとか、「硬い」と感じる物も私たちの体も中身はすかすかだとか、私たちが「温かい」と感じているものは実は分子の振動であるとか……。

物理学を知ることで物事がわかるようになるおもしろさと、わからなくなってくるおもしろさ、その両方を味わっていただければうれしい。

文系でもよくわかる

日常の不思議を物理学で知る【目次】

5章 医療を支える物理学……129

1章

時間は流れない

01
「時間が流れる」とは限らない

過去があって今があって未来がある。時間とは過去から未来に流れていくものだ――。

そう、私たちは経験的に信じている。

しかし、物理学では、時間が流れるという概念はない。「ない」というよりも、「わかっていない」のほうが正しい。

では、物理学で時間はどう扱われているのかと言うと、単なる「ラベル」でしかない。もしくは、付箋とでも言うべきか。「このときには何が起きた」ということを数字で表しているだけだ。

たとえばニュートン力学では、ボールをあるスピードで投げたら、1秒後、2秒後、3秒後にはどのくらいのスピードになってどこへ行くといったことを教えてくれる。つまり、ある時間に何が起こるのかという未来を予言することができる。

しかし、動き（流れ）として理解しているわけではない。あくまでも、1秒後、2秒後、3秒後といったポイント、ポイントでの未来だ。

過去についても同じで、たとえばビッグバン理論は、ビッグバンの後に宇宙がどのように変化したのか、「何秒後には何が起き、その何秒後には何が起きた……」と、やはりポイント、ポイントで教えてくれる。

物理学の理論では、過去から未来までのセットがそこにあって、それを順番に見ていくことで動きが出てくるというような構造になっている。たとえるなら、パラパラ漫画のようなものだ。パラパラとめくれば動いているように見えるが、実際にあるのは、「このときにはこうなっている」というたくさんの静止画にすぎない。

パラパラ漫画も、必ずしも順番どおりに見る必要はないように（ただし、動きは生まれない）、物理学でも、過去から未来に順番に経験しなければいけない理由はまったくない。

繰り返しになるが、時間はラベルでしかない。「時間とは何か」と聞かれても、物理学者としては答えることはできない。

それは、「空間とは何か」という問いと同質のものだ。

空間は明らかに私たちのまわりに存在し、「ない」とは言い切れない。測ることもできる。しかし、「この空間とは一体何なのか」と問われれば、答えられるだろうか。単なるラベルでしかないだろう。「何メートル離れている」「何平方メートルの広さがある」といったことは言えるが、それ以上のことは言えない。

時間と空間は相互に関係しているので、「空間とは何か」がわからなければ、「時間とは何か」もわからないし、その逆も同じだ。

物理学とは本来、実験で確かめられることを議論するものだ。

「時間とは何か」との問いに対して、物理学者の間でも、いろいろな意見が出ている。「時間なんて流れていないし、もともと存在さえしていない。人間が認識する過程で出てくるものだ」などと、人間の脳が時間をつくり出していると主張する人もいれば、ジョン・ホイーラーのように、「時間が存在しないどころか、空間も物質も何も存在しない。すべては情報なのだ」と主張する人もいる。ちなみに、ホイーラーは、ブラックホールという名前を世に広めたことでも有名で、素粒子論や相対性理論の大家。それでいて考え方がユニークであり、私が好きな物理学者の一人だ。

このようにさまざまな仮説はあるものの、物理学として実験に裏づけられた理論があるわけではない。

どんなに美しくもっともらしい理論であっても、実験で確かめられない以上、捨てるしかない。実験の結果や観測の結果を正しく説明できるか、正しく予言できるかで、その理論の正しさが決まるからだ（ただし、一度は捨てられた理論がまったく違うところで日の目を見ることはよくある）。

時間とは何か、時間はなぜ過去から未来に流れていくのか――。

どんなに美しく魅力的な理論を提示しても実験で確かめられない以上、これらの疑問は、今のところ物理の研究課題ではない。

◎まとめ

物理学において時間とは単なるラベル。

実験で確かめられない以上、どんなに美しい理論も仮説でしかない。

02

脳が構築する〝順番〟はよく間違っている

「時間は流れるものだ」と私たちが考えているのは、心や意識でそう感じているからだ。

しかし、現実に起きている出来事の流れと、私たちが意識している時間の流れは、必ずしも対応しない。あることが先に起きて、その後に別のあることが起きたと記憶していたのに、実際の順番は逆だった……といった勘違いはよくある。

実験でも、実際の順序と脳が構築する順序がときに逆転することは明らかになっている。

また、野球で、ヒットを打った選手にインタビュアーが話を聞くと、バッターは「ピッチャーが投げた球がカーブしたので、そこを狙って打ちました」などと説明をする。しかし、運動学的にはそんなことはあり得ない。

なぜなら、ピッチャーの手から離れたボールがホームベースに到達するまでの時間は、球速150キロメートル毎時で0・4秒程度。そのわずかな時間で、しかも途中で変化するようなボールに体が反応できるはずがないからだ。

実際は、ピッチャーがボールをリリースする前からどこへ来るかを脳内で自動的に予測していて、そこに向かって狙って打っているというのが、物理学的には正しい順番だ。

しかし、打った本人はというと、そうではなく、ピッチャーが投げたのを見て、さらにボールが曲がったのを見て、そこを狙って打ったと感じている。つまり後付けで、人間の脳が理解しやすいように時間の流れを再構築しているということだ。

ということは、「時間が流れている」という私たちがたしかに感じていることも、もしかしたら同じように脳が都合よく再構築しているだけかもしれない。ただし、肝心の脳がどのように働くのかは部分的にしかわかっていないうえに、意識がどこで生まれているのかもいまだ不明のままだ。

◎まとめ
時間の流れが後付けなら、「流れている」こと自体、真実とは限らない。

03 相対性理論の「時間」、量子論の「時間」

物理学では時間について何もわかっていないのかと言えば、わかってきたこともある。

私たちの身の回りのことを説明するにはニュートン力学で十分だが、宇宙規模といったマクロな世界や光速に近いような超高速で動いているもの、原子や素粒子といったミクロな世界になると通用しなくなる。そこで登場したのが「相対性理論」と「量子論」という二大理論だ。これらによってわかってきた時間の性質がある。

ニュートン力学においては、誰にとっても同じ「現在」が歴然と存在した。ところが、相対性理論によって現在の位置づけは少し変わった。ある人にとっての現在が、別の人にとっても現在とは限らないことがわかってきた。ただし、ある人にとっての「現在」という時刻は確かにあり、それが少しずつ未来に向かってずれていくという事実は他の人と同じだ。

相対性理論によってわかった時間の性質は、動いているものの時間は遅く進む（特殊相対性理論）、巨大な物体の近くにいると重力が時空間をゆがませて時間が遅く進む（一般相対性理論）こと。時間（空間も）は、観測者によって相対的であるということだ。

たとえば、オリオン座の一等星である「ベテルギウス」という星が超新星爆発（星が一生を終えるときに起こす巨大な爆発）を起こすのではないか、と注目されていたことがある。ベテルギウスは地球から650光年ほど先にある星だから、現在、すでに爆発しているかもしれない、ともいわれていた。地球上で止まっている私たちが見ている姿は、650年前の姿だからだ。しかし、高速で動いている人がいたら、650年前ではなく500年前の姿かもしれないし、300年前の姿かもしれない。

「時間は相対的なものである」という考えは受け入れがたいかもしれないが、「色」はどうだろうか。たとえば、「赤い」ものを見たときに、「これは赤だ」とはわかるが、ほかの人も自分が思うような「赤」だと認識しているとは限らない。赤かどうかは確認できても、同じ赤かどうかは確かめようがない。

時間もそれと同じだ。自分は時間を感じているものの、ほかの人も自分とまったく同じように感じているかは確かめようがなく、相対性理論によって精緻なレベルでは「誰にとっても完全に同じではあり得ない」ことが証明されている。

一方、量子論が教えてくれる時間は、さらに奇妙だ。ミクロな世界では、人間が観測することで時間が進むような側面がある。

たとえば、電子の位置を観測するとしよう。電子は観測する前には波のようにふるまい、観測した瞬間に粒として見つかる。見ていないから電子の位置がわからないのではなく、見ていないときには起こり得る状態が重ね合わさっていて、「確率の波」のようにぼやぼやっと存在している。それが、見た瞬間にひとつに決まる。

つまり、観測者が「見た」ことによって過去と未来が変化する。

通常、私たちは、物は連続的に動くものだと思っている。しかし、量子論では、人間が関与することで物の状態が急激に変化してしまう。なんとも不思議な現象だが、これは「量子飛躍」と呼ばれる。

量子飛躍が起こると、元には戻れない。一方、ニュートン力学でも相対性理論でも、時間は未来に進めるだけでなく、過去に戻す動きも理論上は可能だった。

昔、フランスの自然科学者で数学者、物理学者でもあるピエール＝シモン・ラプラスは、「ある瞬間におけるすべての原子の位置と運動量を知り得る存在がいると仮定すると、物理法則にしたがって、その後の状態をすべて計算し、未来を完全に予測することができる」

と述べた。有名な「ラプラスの悪魔」だ。逆に言えば、未来のことがわかっていれば過去のこともわかるということ。時間の可逆性を意味する。

しかし、確率として存在していたものが急に現実になる量子論の世界では、可逆性は崩れる。現実を確率に戻すことはできないからだ。

このように、ニュートン力学の後、相対性理論、量子論が登場したことで「誰にとっても共通の時間はない」「人が関わることで時間は飛躍する」といった時間の性質はわかってきたものの、だからといって「時間とは何か」がわかったわけではない。こういう性質だと仮定しなければ、自然現象が理解できないというだけだ。そして相変わらず、「時間が流れる」という性質は、物理学の理論のどこにも現状では存在していない。

◎まとめ

相対性理論では、時間は人によって異なることがわかった。
量子論では、人が関わることで「ジャンプする」ことがわかった。
しかし、「流れる」という性質は、物理学の理論上存在しない。

04

「時間のループ」はあり得るのか

分子や原子、素粒子といったミクロな世界を記述する量子論だが、実は量子論では重力を説明することができない。重力は、一般相対性理論で説明されている。なんとか重力を量子論で説明し、相対性理論と量子論を統合できないかと、100年近くもの間、世界中の物理学者が研究を続けているが、いまだに解決されてない。

実は私自身も20代の頃、量子重力を研究テーマに据えたことがあった。若かったので「解決できるんじゃないか」という夢を抱いたのだ。それで大学院の修士論文は量子重力をテーマに書いたのだが、その後、「自分が生きている間に解決できるのだろうか」と疑問に思うようになり、当時、宇宙の観測が進んできたこともあって宇宙論に転向した。

それはさておき、時間のとらえ方についても、相対性理論と量子論では異なる。量子論では、時間は不可逆的な面があると説明したが、相対性理論では、逆に、ある時間をたどっていったときに過去に戻っていくループが存在することを示す数学的な解が見つかっている。だからといって過去に戻れることが証明されたわけではないが、解がある以上、「ありえない」と否定することもできない。

そのため、前著『世界の仕組みを物理学で知る』でも紹介したように、タイムマシンを作れないか、真剣に研究を続けている物理学者もいる。

ただ、誰かが過去に戻れば、当然ながら現実的な矛盾が生じてしまう。「パラドックスが起こるから結局はできない」という真っ当な意見もある一方、「矛盾が起きないように世界が自動的に調整される」「パラレルワールドに行く」などと、自由闊達な意見が繰り広げられている。

人が過去に行くことはまだまだ現実的ではないとしても、もしも、素粒子をほんの少しでも過去に行かせられるような研究が実現すれば、そのときに何が起こるのかを実験することで「時間とは何か」という人類の永遠の謎が多少はわかるようになるのかもしれない。

◎まとめ

相対性理論では、時間のループを示す数学的解はある。

05

星の年齢はどうやってわかるのか

時間に関連して、私の研究分野に関わりのある話をしよう。

私が専門とする宇宙論では「年齢」を知ることがとても重要だ。宇宙論では、宇宙全体がどんな構造をしているのか、宇宙がどのようにはじまったのか、現在の姿になるまでにどのようなことが起こったのか、そして今後どのようになっていくのかといったことを明らかにしていく。

その際、たとえば地上に降ってきた隕石が「何歳なのか」を知ることが、宇宙を知る手掛かりになる。

年代を知る方法としてよく知られているものに、「放射性炭素年代測定法」というものがある。これは、炭素の放射性同位体である「炭素14」に着目した方法だ。同位体とは、同じ原子番号で中性子の数が異なり、質量が異なる原子のことだ。

ほとんどの炭素は、6個の陽子と6個の中性子をもつ「炭素12」として存在している。

ただ、自然界にはごくわずかだが、一定の割合で、6個の陽子と8個の中性子で構成された「炭素14」も含まれている。この炭素14は、安定した状態ではないので、余分なエネルギーを放射線として出し、安定した炭素12に変わろうとする。このことを「放射性崩壊」という、放射性崩壊が進むスピードは決まっている。

炭素14の場合、その半分が安定した炭素12に変わるのにかかる年月は5730年であることがわかっている（半減期が5730年ということ）。もともと自然界にある炭素14の割合はわかっているので、あるものに含まれている炭素14の割合を調べると、それがどのくらい昔のものなのかがわかる。

この放射性炭素年代測定法は、考古学などでよく使われている。

ただ、宇宙の年齢は138億歳だ。5730年という半減期は、私たちの寿命を考えると十分に長いが、宇宙について知るにはあまりにも短い。

そこで、宇宙からの隕石を調べるときに使われる方法のひとつに、「ルビジウム・ストロンチウム法」というものがある。これは「ルビジウム87」が時間の経過とともに「ストロンチウム87」に変わることを利用している。

この半減期は488億年であり、宇宙の年齢と比べても十分に長い。宇宙からの隕石を調べて、ルビジウム87がどのくらいストロンチウム87に変わっているのかを測定することで、その隕石が何億年前に生まれたものなのかがわかる。

ほかには、「ウラン・トリウム法」というものもある。これは、星の年齢を推定するときに使われる。

宇宙で星ができるときには、ウランとトリウムがどのくらいの割合で含まれるかということは理論上わかっている。そこで、遠くにある星に今、ウランとトリウムがどのくらいの比で存在するのか観測できれば、両者の比がどのように変化したのかがわかり、その星のおおよその年齢を知ることができる。

ここで、「何光年も先にある星にどんな元素がどのくらい含まれているのかなんてわかるのか?」と疑問に思われるかもしれない。たしかに星そのものを直接的に調べることはできない。そこで、判断材料となるのは、その遠くの星が出している光だ。

理科の授業で炎色反応について習ったと思う。特定の元素を炎に入れると、それぞれ異なる色を出すというものだ。「リアカー(Li赤)なき(Na黄)Kむら(K紫)……」といった語呂合わせで、リチウムは赤、ナトリウムは黄色、カリウムは赤紫などと色を覚えさせられたかもしれない。

それと同じで、元素が出す光の種類は決まっている。ちなみに、光の色は、その光の波長によって決まる。星が出している光を細かく精緻に観測すれば、それぞれの光の量がどれくらいあるのか、ある波長の光がどれくらい吸収されているのかがわかり、元素の種類や量がわかるため、星の年齢を知ることができる。

今は、観測の技術がとにかく上がっている。宇宙を研究する人のなかには、星の年代測定法のプロフェッショナルもいて、遠くの星であってもいつ生まれたものなのかがわかるようになっている。

◎まとめ

考古学では、炭素14の減少度が年代測定に使われる。

宇宙にまつわる年齢を知るには、

半減期の長いルビジウムや、ウランとトリウムの比が使われる。

06 宇宙のはじまりにある時間とは

先ほど、宇宙の年齢は138億歳だと紹介した。では、宇宙のはじまりはいつかと言えば、時間と空間が生まれたときである。

時間と空間は一体化しているので、空間が生まれるのと同時に時間も生まれる。では、宇宙の誕生後にはどのように空間と時間が広がっていったのだろうか。

宇宙がどうやってはじまったのか、真のところはまだ解明されていない。ただ、宇宙が誕生してから0・00000000001秒頃からの大まかな出来事は現代の物理学によって解明されている。

ざっと説明すると、宇宙のごく初期には、素粒子がバラバラになって宇宙全体に存在していた。宇宙が無限なのか、有限なのかは、まだはっきりしていないので、ごく初期でも宇宙全体の大きさはわからない。

素粒子とは、それ以上分解できない、物質の最小単位のことだ。原子を分解すると「原子核」と「電子」に分かれ、原子核を分解すると「陽子」と「中性子」に分かれ、さらに陽子と中性子は「クオーク」と呼ばれる粒でできている。クオークや電子はそれ以上分解することはできないので、素粒子だ。

クオークが3つずつ集まって「陽子」や「中性子」ができはじめたのが、宇宙誕生から0・00001秒後頃。少し飛んで、宇宙が誕生して4分後くらいになると陽子と中性子がくっついて原子核をつくるようになり、水素やヘリウム、そしてわずかにリチウム、ベリリウムなどの原子核がつくられていった。宇宙初期に存在する元素はこうした簡単なものだけで、これらよりも重い元素は、主に星の活動によって、のちに生まれる。

ただし、宇宙に最初の星ができたのは、宇宙が誕生して1億年ほど経ってからだ。

さらに、地球上に生命が生まれるのは当然もっと後のこと。今から35億年前までには地球上に細菌のような生命がいたことがわかっている。人類はというと、類人猿から分化してアフリカで猿人が誕生したのが、今から500万年ほど前だ。

このように、宇宙がはじまってしばらくの間は、生命は存在せずにただ時間が流れていた。もしも、一部の専門家が言うように、時間の流れとは人間が出来事を把握するときに脳内でつくり出されるものだとしたら、宇宙誕生から生命や人類が生まれるまでの間は、どういう時間だと考えればいいのだろうか。時間は流れていないということだろうか。

宇宙誕生から○秒後、○億年後にはこういうことが起きた……と、あたかも時間が流れているかのように出来事を記述できることは確かだが、そう見えるだけなのだろうか。振り出しに戻るが、この問いに答えはない。

やはり、時間については、物理学者は口をつぐむのが正しいのだろう。

◎まとめ

宇宙のはじまりは、時間と空間が生まれたとき。
宇宙の初期には、誰にも認識されない時間があった。

2章

スマホに使われている物理学

07 そもそもなぜスマホで会話ができるのか

先日、iPhoneで話をしていたら相手から「声が聞こえません」と言われ、慌てたのだが、どうやらiPhoneにはマイクが3カ所あり、通話中にうっかり、底辺部にある集音マイクを塞いでしまっていたらしい。

それ以後、スマートフォン（スマホ）で話すときにはマイクの位置に気をつけるようにしているのだが、そもそもスマホで会話ができるのはどうしてだろうか。

まず、音とは振動だ。物が揺れることで音が生まれる。隣の人と会話ができるのは、私たちの声が空気を揺らし、その空気の振動が相手の耳にまで届くから。逆に遠くの人の声が聞こえないのは、空気の振動が届かないからだ。

余談だが、空気のない宇宙空間に音はほぼ存在しない。素粒子がぽつぽつとはあるので、そういうところを振動が伝われば音がまったく存在しないわけではないが、私たちの耳では音として認識できない程度の揺れなので、音は存在しないに等しい。

よくアニメや映画で、宇宙で宇宙船が爆発すると「ボカン！」などと音が鳴るが、ああいう現象はあり得ない。「振動する物＝〝音のもと〟」はあっても、その振動を伝える空気がないため、音にはならないからだ。だから、正しく表現しようとすると、静寂のなかでただ宇宙船が爆発しているだけのつまらない映像になってしまう。

余談ついでに付け加えると、太陽の表面では頻繁に爆発現象が起きている。YouTubeに太陽の表面を観察した映像がアップロードされているので、気になる人は見てほしい。水が沸騰するかのように、ぼこぼこと細かい爆発を起こしている様子がわかる。

もしも宇宙空間で音が伝わり、太陽の音が地球まで届いていたら、うるさくて仕方なかっただろう。１００デシベルほどの騒音になるといわれるので、電車が通るときのガード下や地下鉄の構内と同じくらいのうるささだ。それがずっと鳴り響いていたら、私たちは今のように生活することはできなかっただろう。

さて、本題に戻ると、音という空気の振動をどうしてスマホで伝えることができるのか。答えは、空気の振動を感知するセンサーがついているからだ。

スマホの内部にあるマイクロホン（マイク）に向かって話すと、「圧電素子」と呼ばれる物質が空気の振動パターンをそのまま電気の信号に換えてくれる。その信号がさらに電波に変換されて、近くの「基地局」に送られる。基地局では電波を光や電気の信号に換えて「交換局」に送り、交換局が相手のスマホの最寄りの基地局につなげてくれる。各基地局と交換局の間は、電波ではなく、光ファイバーなどの有線ケーブルでつながっている。

さて、相手の最寄りの基地局に届いた光や電気の信号は再び電波に換えられて、相手のスマホに送られる。そして相手のスマホが受け取った電波を電気の振動に換え、次にスピーカーが音の振動に戻して、ようやく相手のもとに声が届く。

スマホで会話をしているときに、こうした作業が瞬時に行われているわけだ。

よくリアルタイムで話せるものだと思うかもしれない。しかし、タイムラグが存在しないわけではない。電波に変換するまでにもほんのわずかなタイムラグがあり、さらに電波が届くまでにもタイムラグがある。

ただ、電波も光の仲間なので、電波のスピードも光速と同じ秒速30万キロメートルだ。1秒で地球を7周半回ることができる。

たとえば、日本から海外にいる友人にスマホで電話をかけたとしよう。国内の基地局と基地局が有線ケーブルでつながっているように、海外とも海底ケーブルなどでつながっている。たとえ地球の真裏にいるとしても、地球の半周は約2万キロメートルだから、光速であればたったの15分の1秒で届く（実際のところは直線距離とはいかないが）。だから、海外にいる人ともほとんどタイムラグを感じることなく通話することができる。

一方、衛星中継では、明らかなタイムラグが生じる。通信衛星は地上から3万5000キロメートルほども離れた上空を周回しているからだ。それだけの距離を行ってまた戻ってこなければいけないので、電波の速さをもってしても、どうしてもタイムラグが生まれてしまう。

◎まとめ

「音＝空気の振動」を電気の振動に換え、さらに電波に変換して送っている。

電波のスピードは光と同じ秒速30万キロだから、瞬時に届く。

08 電波はどうやって送受信するのか

先ほど、私たちのスマホから基地局までは電波を送って情報のやり取りをしていると書いた。では、どうやって電波の送受信を行っているのだろうか。

私たちのスマホにも、もちろん基地局にもアンテナがある。アンテナは、言ってみれば単なる導線だ。そこに電波が来ると、電子が揺り動かされて電流が流れる。世の中にあるアンテナは、どれもこの原理で成り立っている。

電波には、さまざまな波長をもつものがある。波長とは、電波が一回振動する間に進む距離（波の山から山、谷から谷までの距離）のこと。

おおよそ0・1ミリメートル以上の波長をもつ電磁波のことを電波というが、そのなかでもミリメートル単位の波長の電波もあれば、キロメートル単位の波長をもつ電波もあるなど、かなり幅広い。

どんな波長をもつ電波も進むスピードは光と同じ秒速30万キロメートルだから、波長の

身近な電波とその周波数

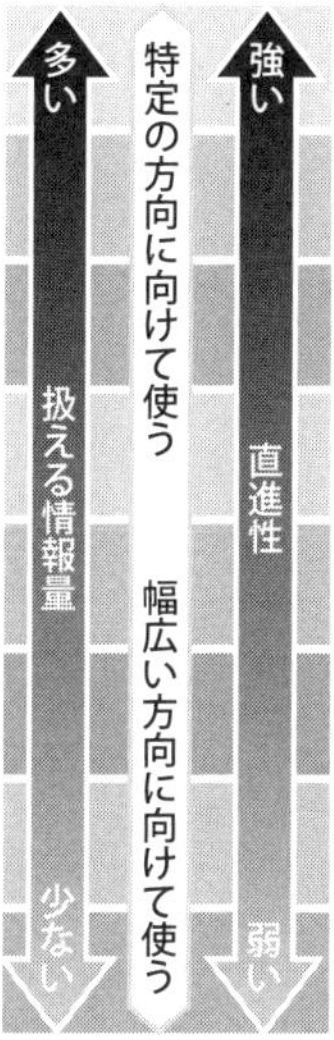

周波数	電波名称	波長	利用用途
300GHz	EHF ミリ波	1mm	電波天文、レーダー
30GHz	SHF センチ波	1cm	衛星放送、レーダー ETC、無線LAN
3GHz	UHF 極超短波	10cm	携帯電話、タクシー無線 Bluetooth、テレビ、GPS 電子レンジ、無線LAN
300MHz	VHF 超短波	1m	航空管制通信、テレビ FM放送
30MHz	HF 短波	10m	船舶通信、航空機通信 短波ラジオ
3MHz	MF 中波	100m	船舶通信、AMラジオ
300KHz	LF 長波	1Km	標準電波（電波時計）、電波航行
30KHz	VLF 超長波	10Km	潜水艦通信

https://www.nttdocomo.co.jp/area/know/

長い電波はゆっくりと振動し、波長の短い電波はせわしなく振動する。たとえば、1キロメートルの波長をもつ電波は1秒間に30万回しか振動しないが、10センチメートルの波長の電波は1秒間に30億回も振動している。どちらも、十分にとてつもない振動数だが、同じ電波でもそれだけの差がある。

　そして、波長の長さとアンテナの長さが整数倍になったときに、その波長の電波を受けやすくなる。一般的に、アンテナの長さは受けたい波長の半分または4分の1にすることが多い。それがいちばん受信しやすい長さだからだ。

だから、アンテナの長さは長ければ長いほどいいわけではない。アンテナの長さを短くすると短い波長の電波を受けやすくなり、長くすると長い波長の電波を受けやすくなる。スマホの電波の波長はというと、数十センチメートルほどと短い。波長が短いから、手のひらサイズのスマホのなかにあるアンテナでも受けられるのだ。

ちなみに、ラジオはAM放送の電波の波長が数百メートル、FM放送は数メートルと、スマホに使われる電波に比べてずいぶん長い。だから、ラジオのアンテナはあまり短くすることはできないため、ラジオには長めのアンテナがついている。なかには、イヤホンコードがアンテナ代わりになっているものもある。

といっても、ポータブルラジオから伸びている棒状のアンテナやアンテナ代わりとなるイヤホンはFM放送用だ。AM放送の波長は長いため、あの長さのアンテナでは電波をうまくとらえられない。AM放送用のアンテナは、導線がぐるぐる巻かれたバーアンテナとして内蔵されていたり、導線が四角く巻かれたループアンテナが外付けされていたりする。

ここまでは、電波を受けるほうの話。電波を送るにはどうするのかというと、単純に受信と逆のことを行えばいい。導線の電子を揺り動かすと、そこから自動的に電波が出る。

ここで、電波とは何かということをおさらいしてみよう。

電波の正体は、電場と磁場を交互に生みながら伝わっていく波のことだが、もう少しわかりやすく言うなら、〝電子を動かす力のもと〟が振動しているのが電波だ。

空間に電子がポツンと浮かんでいるとしよう。そこに電波が通れば、その電子は揺り動かされる。その揺らす周期が速いか遅いかを決めるのが、波長の長さだ。

アンテナが電子の揺れを感じてくれさえすれば電波を受けられ、逆に、電子を揺らしさえすれば電波を送ることができる。だから、アンテナさえあれば電波を受信することも送信することもできる。

◎まとめ

電波がアンテナの電子を揺らすのが受信、
アンテナの電子を揺らして電波を出すのが送信。

09

「5G」はなぜ大容量なのか

スマホと言えば、最近、「5G」と呼ばれる通信規格のサービスが開始された。5Gの「G」はgeneration（世代）を意味し、第5世代の通信規格だ。

5Gになると通信速度がより速くなる、大容量のデータを送受信できるようになるといわれているが、何が違うのかといえば、使われる電波の種類が変わる。5Gでは、これまでよりも短い波長の電波が使われるようになる。

波長が短いということは、超高速で振動しているということだ。

スマホで音声やメール、画像などを送るときには、すべての情報が「0」と「1」で表すデジタルデータに変換される。0と1に対応させて電波の形を変えることで電波に情報を乗せているので、振動数が多い電波ほど情報をたくさん詰め込むことができる。だから、これまでよりも短い波長（振動数が多い）の電波を使う5Gでは、大容量の情報をより速く送受信することができる。

では、なぜ最初からもっと短い波長の電波を使わなかったのかと言えば、波長が短いと、障害物にぶつかったときに回り込むことができないので、遠くまで飛ばすことが難しいからだ。

波長の短い電波は、性質が光に似てくる。光も電磁波の一種だが、その波長は数百ナノメートル（1ナノメートルは100万分の1ミリメートル）とごくごく短い。だから、光は直進し、まっすぐにしか進めないから障害物があると回り込むことができず、その裏に影ができる。

電波も波長が短くなればなるほど、〝影〟ができやすくなる。だから、5Gの電波をうまく使うには、電波の飛ばし方にも工夫が必要（5Gでは「大規模MIMO」という、特定方向に強い電波を飛ばす技術が採用されている）なほか、基地局の数もたくさん必要になる。

◎まとめ

振動数の多い電波だから、情報をたくさん詰め込める。

10 光回線はなぜ速いのか

今でこそメールを送るのもインターネット検索も、ほとんど待つことなくスピーディにできるようになったが、インターネットが普及する前、パソコン通信の時代には、とにかく遅かった。若い人は知らないと思うが、ネットワークに接続すると、FAXと同じで「ピー、ガガガガ」という電子音がした。あれは何の音なのかというと、音の高低を素早く切り替えることで、「0」と「1」のデジタルデータを伝えていた。

それが「光回線」になった途端、急に速くなったのは、光の波長は短く、音に比べてたくさんの情報を詰め込めるからだ。ただ、光の難点は、電波以上にまっすぐ進み、回り込んでくれないこと。扱える情報量が多いという点では非常によいのだが、波長が短すぎて、電波のように離れた場所まで飛ばすことはできない。

だから、光ファイバーという形で、光の通る道をつくる必要がある。

光ファイバーは、一本一本はごく細く、髪の毛ほどの細さの透明なガラスやプラスチックの繊維が束になっている。

光ファイバーが発明されたとき、発明が趣味だった父親が一本、家に持ち帰ってきたことがあった。「これで何かできないか?」とまだ子どもだった私にも見せてくれたのだが、まったく何も思いつかず、「わからない」と言って会話が終わったような記憶がある。その後、インターネット回線に使われるようになり、なくてはならないものになっていったので、あのときに何か閃いていれば、もしかすると億万長者になっていたかもしれない。

そんな妄想はさておき、光回線の前にあった「ADSL回線」では、従来の電話線がそのまま使われていた。電話線も複数本を束ねて使われることが多いが、もともと電話のために引かれた回線だ。電話は声さえ伝わればいいのだから、伝えられる情報量はそれほど大きくはない。

一方、光ファイバーの場合、1本でも毎秒100テラビットという膨大なデータを送ることができ、それが束になっているのだから、当然、速い。ちなみに、家庭用の回線は毎秒1ギガビット程度なので、100テラビットはその10万倍だ。

ところで、まっすぐにしか進まない光が、光ファイバーの中であれば曲がっていてもちゃんと届くのはなぜかと言えば、「全反射」という物理現象が使われているからだ。

光は、空気中はまっすぐに進むが、ガラス面や水面に斜めに入っていくと、その境界で屈折する。それは、水中やガラス中では光が進むスピードが遅くなるからだ。

「真空中を進む光の速度」を「物質中を進む光の速度」で割ったものを屈折率といい、屈折率の高い物質（光の進むスピードが遅くなるもの）ほど大きく曲がる。たとえば、水とガラスを比べるとガラス中のほうが光の速度は遅くなる。水の屈折率は1・3、ガラスの屈折率は1・5ほどだ。だから、空気中から水中に入っていくときよりも、ガラスの中に入っていくときのほうが光は大きく曲がる。また、水とガラスが接していれば、水中からガラス中に移るときにも光は曲がる。

全反射は、光が屈折率の大きい物質から小さい物質に進むときに起こる現象である。たとえば、水中から空気中に光が進むとき、やはり水面で少し曲がって空気中に出ていくが、このときすべての光が空気中に出ていくわけではない。一部の光は反射して水中に戻ってくる。

光ファイバーの仕組み

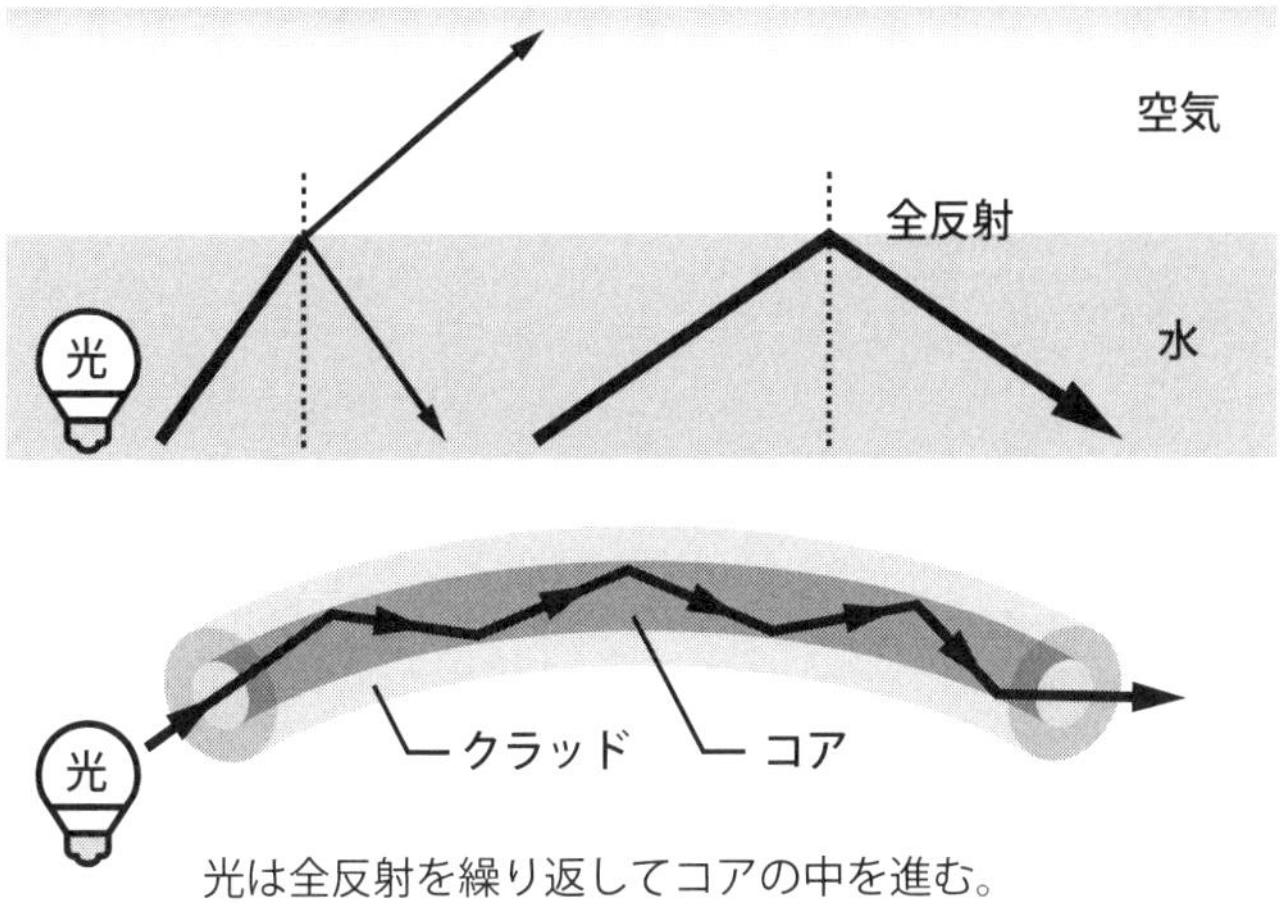

光は全反射を繰り返してコアの中を進む。

これはガラスの中でも同じだから、透明なガラスやプラスチックの糸である光ファイバー内でも、普通であればほとんどの光は透過して外に出ていってしまう。しかし、それでは情報を伝えることはできない。

そこで、用いられるのが全反射だ。

光を当てるときに、水面（ガラス面）から浅く当てると、光が空気中に出られず、すべて反射するようになる。これが、全反射という現象。物質ごとに「この角度以内で光を当てると100パーセント反射する」という角度が決まっている。

光ファイバーは、屈折率の異なる2種類の物質を重ねてつくられている。光が通る「コア（心材）」を「クラッド（被覆材）」と呼ばれるもので覆ってあり、クラッドに使われる物質よりもコアに使われる物質のほうが、屈折率が少し大きい。そうすると、光を浅く当てたときに、クラッドのほうには通り抜けず、全反射を起こすことができる。

つまり、光ファイバーの中で、光はただまっすぐに進んでいるわけではなく、全反射を何度も繰り返しながら進んでいる。

全反射を起こすことで外に漏れ出ることなく長い距離を進むことができる一方、屈折率のやや大きい物質の中を通っているということは、進むスピードは秒速30万キロメートルという光速よりはやや劣る。ただ、1秒あたりに送ることのできる情報量が、光信号は電気信号よりもはるかに大きいので、光回線はやはり速い。

◎まとめ

違う種類の物質の中を通り抜けるとき、光は屈折する。
屈折率の大きいものから小さいものへ進むときに全反射は起こる。
光ファイバー内では全反射を繰り返しながら進んでいる。

11 どうして「指紋」を認識できるのか

最近のスマホでは、指紋認証でセキュリティロックを解除できるタイプが増えている。指紋センサーに自分の指紋を予め登録しておくと、パスワードを入力する手間なく、センサー部分に指で触れるだけでロックを解除できるので楽だ。

指紋認証にはいくつかの方法があるが、代表的なのは電気の力を使った「静電容量方式」だ。

私たちの体は、ふだん意識することはないが、常にわずかに電気を帯びている。だから、指紋センサーに指で触れると、触れた部分に電気が集まってくる。

しかも、指紋には凸凹があるので、指をペタッと当てているようでも、実際は凸の部分と凹の部分ではセンサーとの距離が違い、指紋の形に電気が集まる。そうすると指紋センサーが「どこに電気が集まったのか」をちゃんと感知して、事前に登録されていた指紋データと照合する。だから、指紋センサーには、かなり細かい解像度でどこに電気が集まったのかを感知できるように、極小の電極が多数並んでいる。

ちなみに、タッチパネルにもいくつかの方法があるが、そのひとつはまったく同じで、体に帯びている電気をセンサーで感知している。


スマホに搭載されているセンサーは、もちろん指紋センサーだけではない。たとえば、加速度センサーもそのひとつ。

スマホを縦から横にすると画面の向きが変わる。これも便利な機能だ。なぜ自動で切り替えられるのかと言えば、加速度センサーがスマホの〝動き〟を感知してくれているから。

加速度とは、単位時間あたりに速度がどれくらい変化しているかを表す量のことだ。物には常に重力がかかっている。さらに、物を動かすと、動かしたほうと反対方向に力が働く。加速度センサーは、どの向きにどのくらいの力を受けたかを教えてくれる。

左ページの図のように縦・横・高さの3方向にバネを付けた重りをイメージしてほしい。静止している状態では重力の分だけ重りは下にいく。箱を右に傾けると重りは右下に動く。そして、箱を戻すと、重りも元の位置に戻っていく。

その重りの動きを精緻に測定することで、箱がどの方向にどのくらい動いたのか、動い

加速度センサーの仕組み

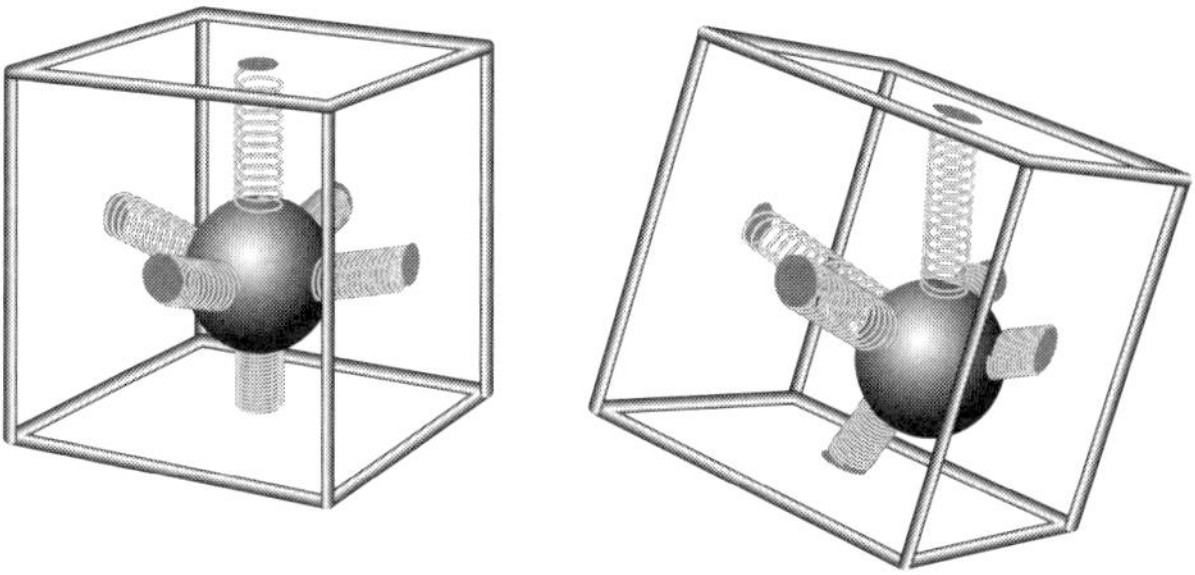

ていないのかがわかり、なおかつ、どの方向が「下」になっているのかがわかる。だから、スマホを縦から横にすれば、側面が「下」になったことがわかり、自動的に画面を横向きにしてくれる。
加速度センサーは、スマホの万歩計機能やスマホを動かして遊ぶゲームアプリなどでも使われている。また、車のカーナビゲーションシステムに搭載されていることもある。通常、カーナビにはGPS機能が使われている。GPSは、衛星電波を用いて「今いる場所」を教えてくれるシステムだ。
GPSは非常に便利だが、弱点があって、トンネルの中のような電波の届かない場所に行くと機能しなくなってしまう。そこで、加速度センサーがあると、たとえば曲がったときには遠心力が働き、どちらの方向にどのくらいのスピードで進んでいるのかを計算できるため、加速度センサーの情報と組み合わせることで補正してくれる。

「ジャイロスコープ」は、加速度センサーと同じようにスマホの向きや回転を教えてくれるセンサーだ。

コマは、一旦ある方向に回転しはじめると、ずっと同じ方向に回転し続ける。その性質を利用したのが、ジャイロスコープ。回転させたまま、スマホの内部で軸が自由に動くようにしておくと、スマホを回転させてもジャイロスコープは同じ方向を向き続けているので、スマホが今どの方向を向いているのかがわかる。

昔は、船で方向を知るために、このジャイロスコープが使われていた。今はGPSがあるのであまり使われなくなったが、GPSがない頃には、大海原で迷子にならないためにジャイロスコープが頼みの綱だった。


ほかにも、「光センサー」「近接センサー」といったセンサーもある。

暗い場所でスマホの画面があまりにも明るいと、眩しさで目が疲れてしまう。そこで、暗い場所では画面も少し暗くするなど、まわりの明るさに合わせて画面の輝度を自動的に調節してくれるのが、光センサーだ。

光センサーには、光が当たると電流が流れる、あるいは電気の通りやすさが変化するなど、光に反応する物質が使われている。その物質に流れる電流の強さを測ることで、光の量がわかるという仕組みだ。

近接センサーは、名前のとおり、近接していることを感知するセンサーだ。どういうことかと言えば、通話時にスマホを耳に近づけると自動的に画面が消える。このときに働いているセンサーのこと。

その方法にはいくつかの種類があるが、赤外線を出して、それが耳に当たって跳ね返ってきたときの強さを調べることで接近具合を測っているものがある。

スマホには便利な仕掛けがいろいろあるが、一つひとつは、こうしたセンサーが組み込まれていることで実現している。

◎まとめ

指紋を認証できるのは、指も電気を帯びていて、指紋の形に電気が集まるのを指紋センサーが感知するから。

12 緊急地震速報はどうやって震源地を教えてくれるのか

近くで地震が起こると、「ビービービー!」というものすごい音とともに、スマホや携帯電話に緊急地震速報が届く。何度聞いても慣れず驚くが、緊急を知らせるものだから驚くのは当然のことなのだろう。

地震には、「P波」と「S波」という2種類の波がある。P波は「Primary波」のことで最初に来る波であり、進行方向と同じ方向に揺れる。S波は「Secondary波」で、P波に続いて来る、地面を上下に揺らすような波だ。

だから地震のときには、横揺れが最初に来て後から縦揺れが来るのだが、揺れが強く、被害をもたらすのは後からやってくるS波のほうだ。

緊急地震速報では、最初にやってくるP波を検知することで、S波が来る前に「震源地はここで、もうすぐ地震が来ますよ」と知らせてくれる。

いち早く地震を知らせるために、日本中に地震計が配置されている。それこそ、海底にも多数ある。気象庁の資料によると、気象庁が地震情報に活用している観測点は全国で約4370地点ある（2018年10月時点）。

緊急地震速報では、まず、それぞれの観測点に設置されている地震計で、最初のP波による揺れを感知する。

地震計が揺れを感知する仕組みの基本は、振り子の原理だ。地面の上に置かれた地震計は、揺れがくると地面と一緒に揺れる。そのときに動かない点をつくることができれば、揺れを記録することができる。

振り子は、糸の上端をもってゆっくり動かすと、下の重りも一緒についてきてしまうが、素早く左右に動かすと、重りの重さで慣性の法則が働いて、重りの部分はその場に踏みとどまる。

その性質を利用したのが地震計だ。バネでつるされた重りにコイルを付けて、そのまわりを磁石で囲っておく。地

地震計の原理

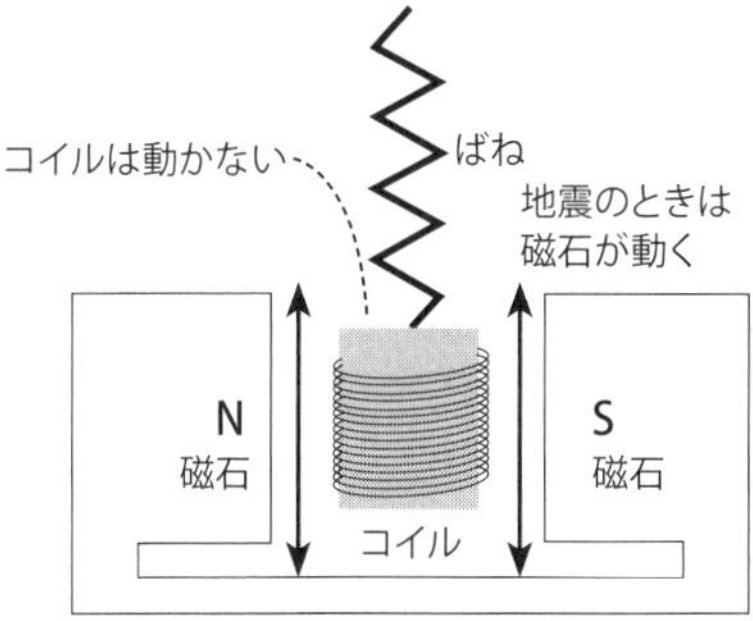

電磁式地震計（上下動）

震によって地面が素早く揺れると、重り（コイル）は静止したまま地面に固定された磁石が動き、誘導電流が流れる。そうやって地面の揺れで直接電気信号に交換している。

そのデータが気象庁に送られ、気象庁では、複数の観測点からのデータをもとに震源やマグニチュードなどを推測し、ある場所にいつ到達するかを一瞬で計算する。そして、S波が到達する前に（場所によってはP波も到達する前に）、情報を知らせるという仕組みだ。最初に来るP波が伝わる速さは約7キロメートル毎秒、S波は約4キロメートル毎秒といわれている。それに対し、情報を伝える電波や光の速さは30万キロメートル毎秒だから、その差によって地震の波よりも先に情報を伝えることができるというわけだ。

「◎まとめ
地震の揺れを感知する仕組みには、振り子の原理が使われている。
情報をいち早く伝えられるのは、地震の波よりも光や電波が速いから。」

13 電波は体に悪い？

スマホ（あるいは携帯電話）はすっかり私たちの生活になくてはならないものになっている一方、スマホや携帯電話が発する電波が体に悪いという噂も昔からたびたび耳にする。果たして本当に体への悪影響はあるのか。その判断は物理学というよりも医学の範疇なので、私には正確なことは言えない。

そもそも、携帯電話が登場してからまだ30年ほどしか経っていない（国内初の携帯電話「ショルダーホン」が世に出たのが1985年だ）。長年使い続けたときに体にどんな影響があるのか、それも子どもの頃からずっと電波を浴び続けたときに脳への悪影響は本当にないのかといった検証はこれからだ。

ただ、物理学という視点で言うなら、悪影響がない理由はない。

というのは、私たちの脳内では電気信号で情報のやり取りをしている。そして、電波は電子を揺らす力をもっている。だから、強い電波を受ければ、脳内の電子も揺らされるはずだ。そう考えると、影響がまったくないとは考えにくい。

あとは程度の問題だ。どのくらいの強さの電波をどのくらいの期間受ければ害が出るのか、どのくらいなら害にならないのか、長期の影響は臨床で明らかにするしかないだろう。

とはいえ、もしも多少の害があるとわかっても、いまさらスマホのない生活には戻れそうにない。そうなると、うまく付き合う方法を考えなければいけない。

電波から脳を守るには、音は伝えるけれど電波は通さないものでガードしたらどうだろうか。電子レンジのところでも伝えたように、電波は金属を通り抜けられない。だから、スマホをアルミホイルで包むと〝圏外〟になる。逆に頭のほうをアルミホイルでガードすれば、電波の影響を遮断することができる。もしもスマホの害が明らかになったら、アルミホイルでできた帽子が流行るかもしれない。

◎まとめ

体への害は物理学ではわからないが、影響がないとは言えない。

3章

魔法の角度をもつ水

14

「氷が水に浮かぶ」から、生命が生き延びられた？

コップに水を入れて、氷を浮かべると、氷はそのまま浮かぶ。当たり前の光景のように思うかもしれないが、よく考えてほしい。液体が固体になると、重くなるのが普通ではないだろうか。ところが、水の場合、凍ると浮かぶ。

通常、液体が固体になると密度が高くなるので、沈む。ところが、水の場合は固体になると密度が減って膨らみ、液体の水に浮かぶ。これは、他の多くの物質とは異なる水ならではの不思議な特性だ。

もしも水がこのような性質をもっていなかったら、地球上で誕生した生命は生き延びられなかっただろう。そもそも生命は生まれていなかったかもしれない。

水は、温度が4度のときにいちばん密度が高くなり重くなる。そして、0度にまで下がっていくにつれて少しずつ軽くなり、固体の氷になるとガクンと密度が減る。つまり膨張す

水の温度と密度の変化

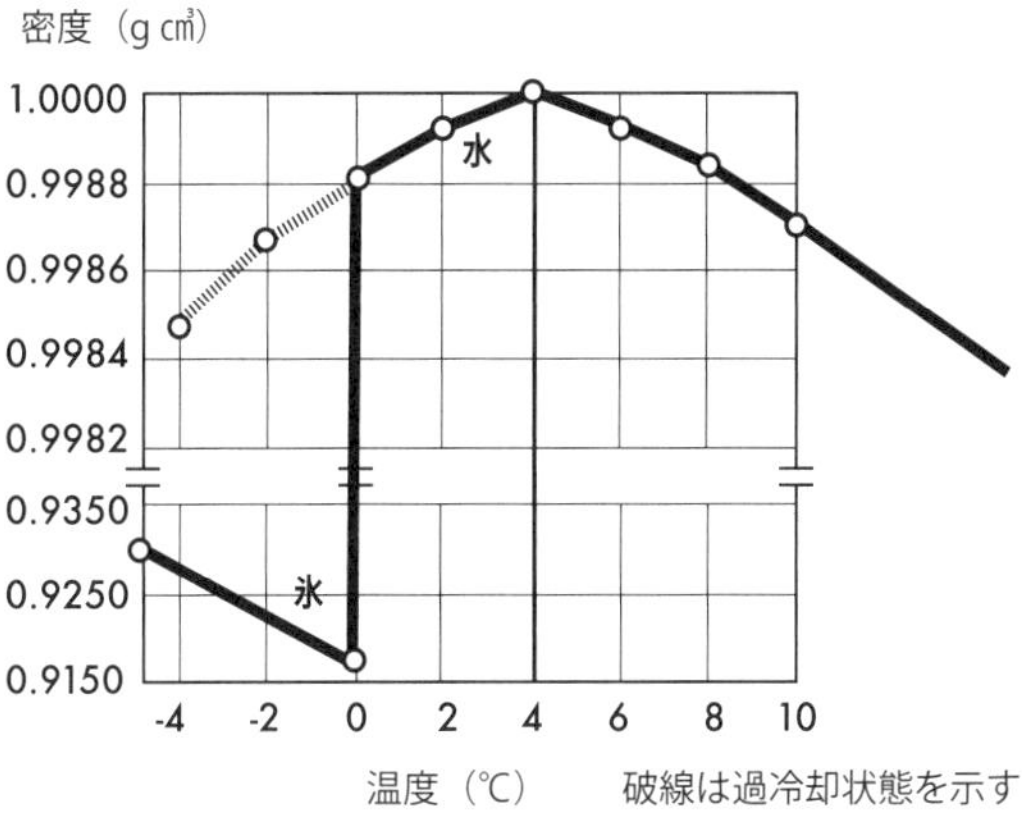

破線は過冷却状態を示す

る。ほかの物質は、温度を上げると膨張するのだが、水の場合、0度から4度までの間は温度が上がるとググッと密度が高まり、小さくなるという不思議な性質がある。

そのおかげで、冬に湖の表面が凍ってもいちばん重たい4度の水が底のほうにいくため、下までは凍らず、魚は生きていくことができる。もしも、0度の氷の密度が高くて重かったら、湖は下のほうから凍っていく。外気温の低い冬には表面から底まですべての水が凍り、夏になっても下のほうは冷たいままで解けず、魚は生きていけなかっただろう。

そして、地球上で生まれた生命が水の中から誕生したことを考えると、魚だけでなく、生命は生き延びられなかったはずだ。

氷が水に浮くということは、生命の存続を左右するほどの重大な事実なのだ。

私たちの体も大半（成人で5、6割）が水でできているように、水は最も身近な物質のひとつだ。私たちの体を構成している細胞も水で満たされているほか、蛇口をひねれば水が出て、雨の日には水が降ってきて、海に行けば水が満ち溢れている。

あまりに身近なものなので、気に留めることはないかもしれないが、「氷が浮く」だけでなく、水という物質は他の物質とは大きく異なる性質をたくさんもっている。物理学者のなかには水を研究している人もいる。水の研究者の話を聞くと、水は調べれば調べるほどに不思議なことばかりだそうだ。

そして、その不思議な性質は、私たち人間が生きていくうえで助けになることばかりだ。

この章では、そんな水の不思議に迫ろう。

◎まとめ
水は4度の状態の時がいちばん重く、氷になると軽くなる。

冬になっても湖の底で魚が生きていけるのは、氷が水に浮かぶから。

15 もしも水が熱しやすく冷めやすかったら、地球は砂漠のようだった

内陸部と海岸近くでは、内陸部のほうが寒暖差は大きくなる。夏は暑く、冬は寒くなりやすい。一方、海のそばでは、寒暖差があまり激しくならない。これも、水のもつ他とは違う特徴が理由だ。水には熱をため込む性質があり、「比熱」が大きい。

比熱とは、物質1グラムの温度を1度上げるのに必要な熱量のこと。余談だが、水1グラムの温度を1度上げるのに必要な熱量が、1カロリーである。

水は、比熱が大きいので、熱しにくく冷めにくい。だから、海の温度は夏でも陸ほどには高くならず、一度熱せられると冷めにくいので、冬になって大気の温度が下がっても海の水は温かいままだ。その熱が外に出てくるので、海辺の気候は温暖に保たれる。

地球の表面は、7割が海で覆われている。もしも水の比熱が小さければ、つまりは、水が熱しやすく冷めやすい性質をもっていれば、太陽の光ですぐに熱せられて太陽が沈めば

どんどん温度が下がり、つまりは地球全体が砂漠のようになっていただろう。

砂漠は、熱すればすぐに暑くなり、夜中には寒くなる。一日の寒暖差が大きいことが特徴だ。もしも地表の大半を覆っている水がそのような性質だったら、寒暖差が激しすぎて、生命は生きていけなかっただろう。

たとえば、月は大気も水もないため、昼間は太陽の光で温められて110度にまで上がる。一方、夜にはその熱を保てないため、マイナス170度にまで下がる。昼と夜で200度以上もの温度差がある。

私たちの体も5、6割が水なのだから、もしも水が熱しやすく冷めやすい性質だったら、外の気温に応じて体温が高くなったり低くなったりしていただろう。私たちが体温をほぼ一定に保てるのも、水の特殊な性質のおかげだ。

◎まとめ
水は熱しにくく冷めにくい。

温度が変わりにくいから、海の多い地球は生命が生きやすい。

16 「0度で凍り、100度で蒸発する」の不思議

水は0度で凍り、100度で水蒸気になる。

これも、小学校の理科で習う、当たり前の現象だ。ところが、実はまったく当たり前ではない。他の物質と比べると、水の融点（個体が液体になる温度）、沸点（液体が沸騰し始める温度）は異様に高い。

酸素原子1個と水素原子2個が結合したものが水だが、酸素と同じ仲間に属する元素が水素と結び付いてできる化合物の融点、沸点と比べると、水の異様さは一目瞭然である。

・水（H_2O）　融点0度　沸点100度
・硫化水素（H_2S）　融点マイナス85・5度　沸点マイナス60・7度
・セラン（H_2Se）　融点マイナス65・7度　沸点マイナス41・3度
・テラン（H_2Te）　融点マイナス51度　沸点マイナス4度

水だけが融点も沸点も圧倒的に高いことがわかっていただけただろうか。

他の水素化合物は沸点が0度以下と低く、常温で気体となる。常温では液体であり、液体として存在する範囲が0度から100度まで幅広いことが水の際立った特徴だ。

水は蒸発するときにまわりを冷やす

また、水は他の物質に比べて「潜熱」も大きい。

潜熱とは、温度を変えることには使われず、固体から液体（または液体から固体）や液体から気体（または気体から液体）に状態を変えるために吸収したり放出したりする熱のことだ。

たとえば、鍋に水を入れて火にかけると、やがてぐつぐつと煮えはじめる。このときに温度は100度になっているが、すぐに蒸発するわけではなく、さらに熱を加え続けなければ水蒸気にはならない。

水1グラムの温度を0度から100度まで上げるのに必要な熱量（エネルギー）は100カロリーだが、100度のお湯1グラムをすべて100度の水蒸気に変えるのに必要な熱量は540カロリーと、実は後者のほうが5・4倍も大きい。だから、水をお湯にするよりも、そのお湯をすべて蒸発させるほうが、ずっと時間がかかる。

水蒸気はそれだけエネルギーを多く蓄えているということだ。そして、水蒸気が液体に戻るときには、蓄えているエネルギーを外に出す。このように状態が変わるときに出たり入ったりする熱が、潜熱だ。

料理をしているときに、沸騰した鍋の上に手をかざしてやけどした経験はないだろうか。大人なら、熱いことはわかりきっているので手をかざそうとも思わないだろうが、好奇心旺盛な子どもは、つい気になって水蒸気に触れようとして、やけどをしてしまう。

これは、水蒸気が皮膚に触れると少し冷やされてお湯になり、そのときに、蓄えていたエネルギーを出すからだ。それで一気にやけどしてしまう。

ちなみに、白く目に見える湯気は水蒸気ではなく、一旦水蒸気になったものが、まわりの空気に冷やされて液体に戻されたもの。湯気の正体は水滴だ。

潜熱のなかでも液体から気体に変わるときに必要な熱のことを「蒸発熱」というが、私たちの身の回りの、ありとあらゆる物質のなかでいちばん蒸発熱が大きいのが、水だ。

熱の移動による状態変化

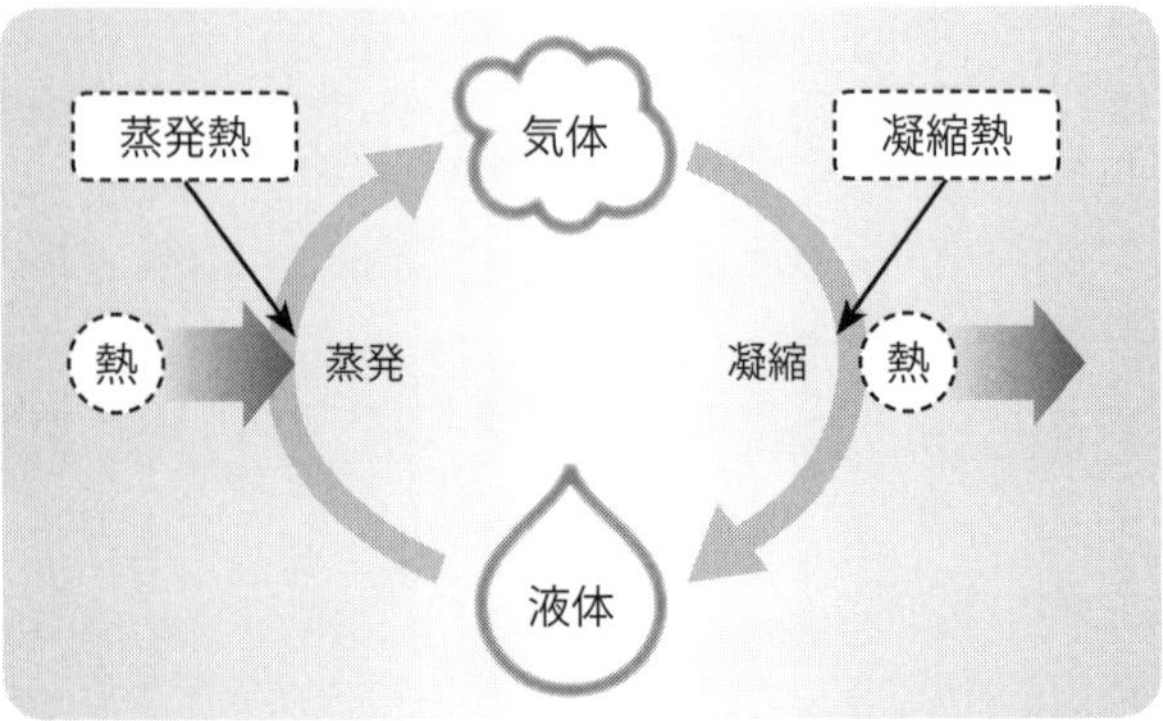

先ほど、水蒸気が水に戻るときに熱を放つことがやけどの原因になると書いたが、一方で、蒸発熱が大きいというのは、水が蒸発するとき逆にまわりの熱をどんどん奪うということだ。

夏の暑い日には、昔から打ち水をする習慣がある。これは、まさに水の蒸発熱の大きさを活用した知恵だ。

道路に水を撒くと、地熱で熱せられた水が水蒸気になる。そのときに、まわりから熱を奪ってくれるため、周辺の温度が少し下がる。もしも水の蒸発熱がそんなに大きくなければ、水を撒いたところで大して熱を奪わないため、打ち水をしてもあまり意味がなかっただろう。

ところで、私たちは暑いときには汗をかく。汗をかいて体温を下げるのも、打ち水で涼むこととまったく同じ原理だ。汗が蒸発するときにまわりの熱を奪ってくれるために、体温が下がるというわけだ。

ついでに言えば、工場やビルで水が冷却水として使われているのも、蒸発熱が大きいから。このように私たちは、水が水蒸気になるときにまわりのものを冷やす（熱を奪う）という性質を実はいろいろな場面で有効活用している。

ところで、なぜ水は融点・沸点が高く、潜熱が大きいのだろうか。

このふたつが意味することは同じで、水分子と水分子の間に働く力が強いということだ。他の物質に比べて分子間の結び付きが強いために、引き離すのにより大きなエネルギーを要する。では、なぜそうした性質があるのかは、次項で説明しよう。

◎まとめ

常温で液体として存在すること自体、水の特別な性質。

蒸発するときに熱を奪うため、汗をかくと体温が下がる。

17 水の秘密は、その角度？

水の特別な性質のほとんどを生み出しているのは、水が四面体構造をとりやすいということだ。どういうことか、説明しよう。

一つひとつの水分子は、化学式で「H^2O」と書くように、水素原子2つと酸素原子1つでできている。そして、水素原子と酸素原子が「104・5度」という角度で結合している。じつはこの角度が重要なカギを握る。

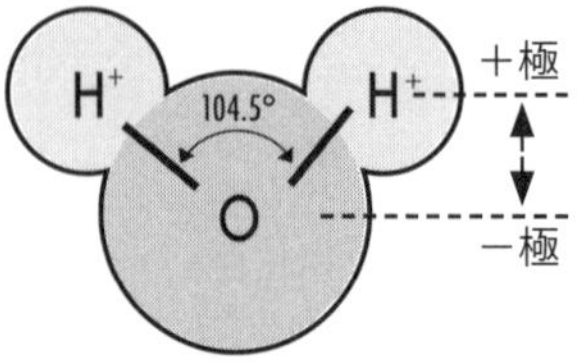

水分子全体では電気的に中性だが、水素原子と酸素原子が180度にまっすぐにつながっているのではなく、104・5度という角度をもち、「く」の字になっているため、水素原子側はややプラスに、酸素原子側はややマイナスになる。つまり、分子の中で電気の偏りが生じている。

そうすると、ややプラスになる水素原子は、他の水分子の酸素原子を引き寄せやすく、ややマイナスになる酸素原子は、他の水分子の水素原子を引き寄せやすくなり、分子と分子の間に引っ張り合う力が働く。

これを「水素結合」と言う。水分子内の水素原子と隣の水分子内の酸素原子が見えないバネでつながれているようなイメージだ。

ところで、分子と分子の間に働く力と言えば、「ファンデルワールス力」というものがある。すべての種類の分子間には、引っ張り合ったり反発したりする複雑な力が働いていて、これをファンデルワールス力と言う。

水素結合はファンデルワールス力とはまた別の力で、ファンデルワールス力よりもずっと強い。そのため、分子と分子をつなぐ〝バネ〟が強いので、水分子と水分子を引き離すにはたくさんのエネルギーが必要になる。

さらに、水分子が集まると、酸素と結合している水素の延長線上にほかの水分子の酸素がくるという配置になり、ひとつの水分子が次頁の図のように4つの水分子と水素結合をして、正四面体の構造をとりやすい。つまり、中央の水分子の酸素が、正四面体の中心となり、4つの頂点にそれぞれの水分子の酸素がくる形だ。

水分子の結合

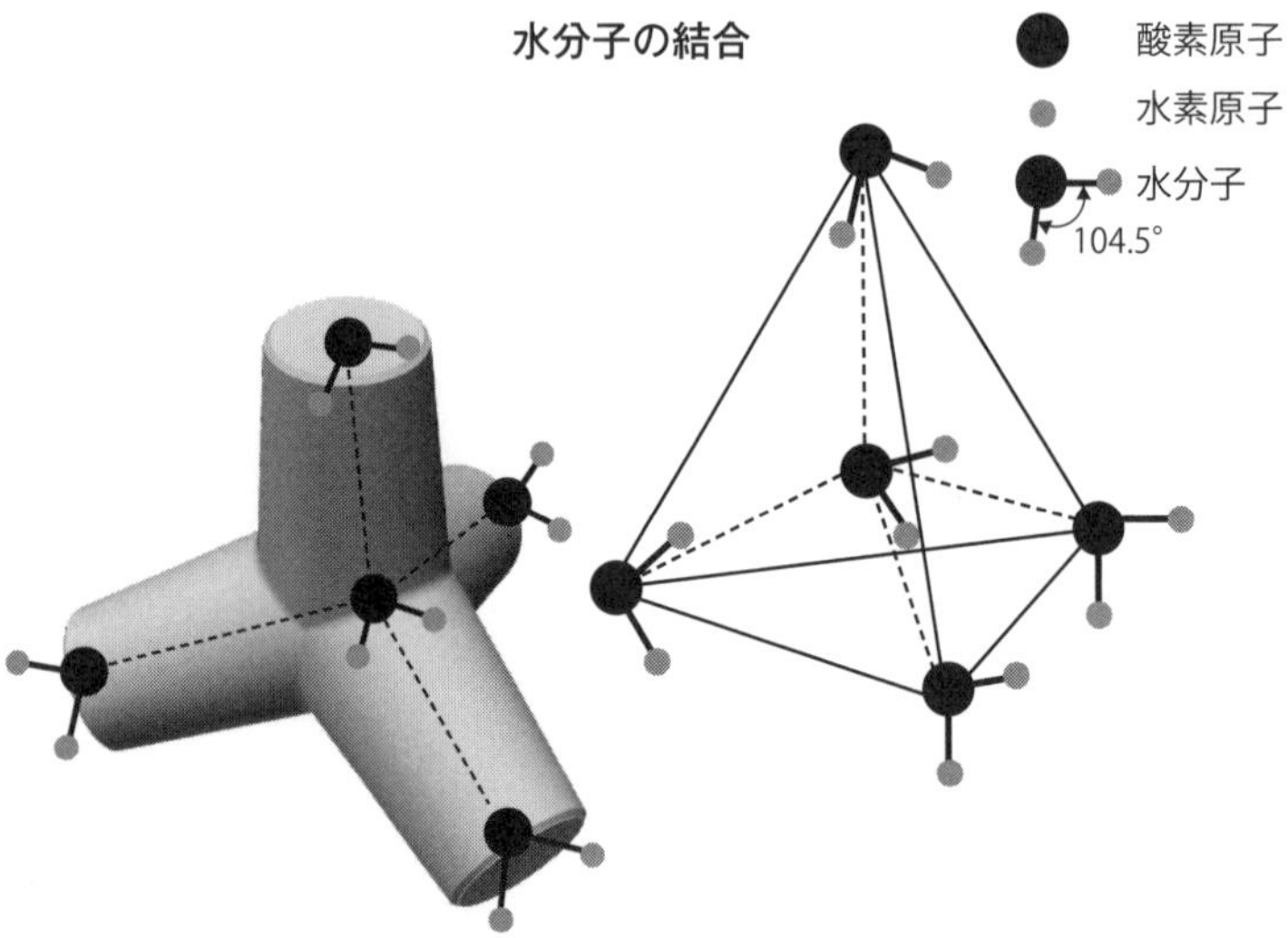

あるいは、海岸に設置された消波ブロックの「テトラポッド」をイメージしたほうがわかりやすいかもしれない。テトラポッドの中心部分に、ひとつの水分子の酸素がきて、テトラポッドの先端に水素結合をしている4つの水分子の酸素がくる。

水素結合をもつ物質はほかにもあるが、水の場合、ひとつの水分子が、四面体の頂点の方向（テトラポッドの形）に最大で4つの水分子と水素結合できる。水素結合の力が非常に強いことはすでに伝えたが、その数も多いので、一つひとつの分子をバラバラにするには、その分、大きなエネルギーが必要となり、融点・沸点が高く、潜熱も大きくなるというわけだ。

ところで、「なぜ正四面体になりやすいのか」というところに、先ほどの104・5度という角度が関わってくる。

正四面体の中心と2つの頂点を結ぶ角度は、正確には109・5度だ。水分子の酸素と水素がつくる角度は104・5度なので、109・5度よりも少し小さいが、非常に近いため、水分子が集まると42ページのイラストのように正四面体の構造をつくりやすい。四面体構造になると、イラストを見るとわかるように空間が生まれる。とくに氷（固体の水）は、規則正しい正四面体をつくりながら整列しやすいため、間にすき間が生まれて体積が大きくなる。

一方、液体の水は、四面体のようになっている部分と、水素結合が切れて形が崩れている部分があるため、空いている空間に水分子が入り込むことができる。だから、固体である氷よりも密度が高くなり、氷が水に浮くという不思議な現象が起こる。

その際、高温の水はほとんど四面体構造をもたず、温度が低くなるほど四面体構造をつくりやすくなる。そのため、温度が4度から0度に下がると、四面体をつくりながら並びやすくなるので、すき間が増えて軽くなる。

一方、4度以上はというと、温度が上がるとともに四面体構造は減るものの、熱エネルギーをもった水分子が動き回るようになるのでやはり密度が減る。そうした兼ね合いで、4度の水がいちばん重くなる。

なぜ水分子の角度は104・5度なのか

水のもつ特別な性質が、水分子がつくる形に由来することがわかったら、次に気になるのは、なぜ水分子は104・5度という角度なのか、ということだろう。この絶妙な角度が正四面体構造を生み、水の特別な性質をつくり出しているわけだが、この角度を決めている大きな原因のひとつは、電子のもつ電気量だ。

1個の電子のもつ電気量のことを「電気素量」と呼ぶ。電気素量は「e」という記号で表され、その値は「$1.602176634 \times 10^{-19}$クーロン」と決まっている。光の速さが決まっているように、1個の電子のもつ電気量もピタッとこの値に決まっていて、それは宇宙全体で共通だ。

もしも電子素量がこの値から少しでもずれていたら、水分子の角度は、今のようにはなっていなかった。角度が違えば、当然、水がもつ性質も今とはまったく違うものになっていただろう。

逆に言えば、電気素量がこの値だったから、水分子は104・5度で安定し、水が私たちにとってありがたい働きをしてくれる物質になったのだ。

1個の電子がもつ電気量が、なぜこの値になったのかは、私たち人間にはわからない。測ってみたら、そうなっていたというだけだ。ランダムに決められているように見えるものの、実際にはなぜか生命が生まれたり人間が生まれたりするように、私たちにとって都合よく決められているから不思議だ。

◎まとめ

水の性質を左右しているのが、104・5度という絶妙な角度。角度を決めているのは電子のもつ電気素量（e）だが、「e」の値の意味はわからない。たまたま「e」が今の値だったから、生命が生まれた。

18

フッ素樹脂加工のフライパンが焦げないのは水の表面張力が強いから

水は「表面張力」が大きいということは、よく知られている。

コップいっぱいに水を注いだときに、コップのふちよりも水が丸く盛り上がっているのにこぼれそうでこぼれない。プラスチックの板に水を垂らすと、ころころと丸まって転がっていく。どちらも表面張力が働いているからだ。

表面張力とは、表面積をできるだけ小さくしようとする力のことだ。液体の分子間で引っ張り合う力が働くと、表面にある分子は内側へ内側へと引っ張られる。そして、小さくまとまろうとする。それが、表面張力だ。

水は、すでに説明したとおり、分子間で引き合う力が強い。だから、表面張力も強い。

ここまでは知っている人も多いかもしれないが、では、フライパンのフッ素樹脂加工が表面張力を利用していることはご存知だろうか。

フッ素樹脂加工とは、文字どおり、フッ素樹脂をコーティングすることだ。フライパンなどによく使われ、物を焼いたときの焦げ付きやくっつきを防ぐことができる。

水が固体に接したときに、その固体の種類によっては、丸くなろうとする水の表面張力を打ち消すように引っ張られることがある。先ほど、表面張力について「液体の」と書いたが、実は固体にも表面張力があるのだ。固体の場合、「界面張力」や「表面自由エネルギー」と呼ばれることが多い。

「固体にも表面張力がある」と言われてもピンとこないかもしれないが、固体も当然、分子の集まりでできていて、分子間に引き合う力が働くため、表面積を小さくしようとする力が働く。といっても、固体自体が形を変えて丸まろうとするわけではなく、接している気体や液体などを吸着することで自身の表面積を小さくしようとする。

そのため、表面張力の大きい固体に水を垂らすと、丸まろうとする水の表面張力を打ち消して引っ張るため、水は固体の表面にペタッとくっつく。つまり、表面張力の大きい固体は水に濡れやすい。

逆に、表面張力の小さい固体は引っ張る力が弱いので、水は丸まったまま。つまりは濡れにくい。

フッ素樹脂は表面張力が弱い。フッ素樹脂の引っ張る力（濡れやすさ）よりも水の表面張力のほうが大きいので、フッ素樹脂をコーティングしたフライパンの上では、水は丸まったままでいられる。

フライパンが焦げる原因は、水に何かが溶け込んで、それがフライパンの表面にペタッとくっついてしまうことである。フッ素樹脂加工は、水がもっている表面張力を邪魔せず、水が丸まったままでいられるので焦げにくいというわけだ。

家にフッ素樹脂加工のフライパンがある人は、ほんの少し水を垂らしてみてほしい。ころころと丸まって転がるはずだ。


水の表面張力の強さは、身近ないろいろなものに活用されている。たとえばタオルが水を吸収するのも、水分子同士が引っ張り合うから。タオルの一部が濡れると、その濡れた部分の水分子がどんどん他の水分子を引っ張るため、タオル側に水が移る。オムツが水分を吸収するのも同じ仕組みだ。

ところで、子どもの頃、「毛細管現象」の実験をしたことはないだろうか。コップなどに水を張って、そこに細いガラス管などを入れると、水がガラス管に入り込んでコップの水面よりも少し上がる。細い管の中で重力に逆らって水が上がってくるのはなぜかと言えば、表面張力で水分子同士が引っ張り合うからだ。

ガラス管が細ければ細いほど、引っ張り上げられて水は上がっていく。管の材質も重要で、濡れやすい（表面張力の大きい）素材でなければ水は上がっていかない。

フライパンのフッ素樹脂加工と、タオルが水を吸収する仕組みと毛細管現象――。一見、まったく関係のないものに思えるかもしれないが、実は本質的には同じである。

◎まとめ

表面張力の強さは、分子間の引っ張り合う力で決まる。
フッ素樹脂の表面張力は水よりも弱いので、
フッ素樹脂加工のフライパンは水分がペタッとくっつかず焦げにくい。

19 「純水」は体に毒？

水は物を溶かす力も強い。

たとえば、パスタを茹でるとき、鍋に水をたっぷり入れて一つまみの塩を加えると、塩はそのうちにすっかり溶けて見えなくなる。料理で使うのは一つまみ程度だが、100グラムの水で30グラム弱の塩を溶かすことができる。砂糖にいたっては、水100グラムで倍量の砂糖を溶かすことが可能だ。

それほど、水はよく物を溶かす。ちなみに、おなじみのミネラルウォーターは、ナトリウム、カルシウム、カリウム、マグネシウムといったミネラルが溶け込んだ水だ。

このように水がいろいろなものを溶かすことは経験的に誰もが知っていると思うが、そもそも「物質が水に溶ける」とはどういうことだろうか。

塩（塩化ナトリウム）を例に説明しよう。

塩は、ナトリウムイオン（Na^+）と塩化物イオン（Cl^-）が電気の力で結合したものだ。塩が水の中に入ると、塩はナトリウムイオンと塩化物イオンに分かれる。

一方、水分子はすでに述べたとおり、分子内で水素原子側はプラスに、酸素原子側はマイナスに帯電しやすいので、プラスのナトリウムイオンのまわりには水分子の酸素原子側が近づき、マイナスの塩化物イオンのまわりには水分子の水素原子側が近づき、それぞれ取り囲んでしまう。そうして、ナトリウムイオンと塩化物イオンは引き離されてバラバラになっていく。これが、水に溶けるということだ。

この「物質をよく溶かす」性質も、水のもつ特別な性質のひとつであり、私たちは生きていくなかでありがたく活用している。

たとえば、血液の成分も大半は水だ。血液を構成している液体成分（血漿《けっしょう》）の９割が水である。血液は、体内にくまなく張り巡らされた血管内を流れて、全身の細胞に必要な栄養分を送り届け、要らなくなった老廃物を回収する。血液がこうした役割を担えるのも、血液中の水分が物質を溶かし込んで運んでくれるからだ。

ふだん私たちの身の回りにある水は、物を溶かしやすいからこそ、いろいろな物質が溶け込んでいるが、不純物をできる限り取り除いた純度の高い水（純水）は、水本来の性質がはっきり出る分、物質を溶かす力もより高まる。

先日、気になるニュース記事を目にした。「ニュートリノ」の観測装置であるスーパーカミオカンデに関するものだ。

ニュートリノは素粒子のひとつである。素粒子は、それ以上分解できない物質の最小単位で、宇宙に存在するあらゆるものは素粒子によってできている。

素粒子のひとつにクオーク（陽子や中性子を構成している粒）というものがあることはすでに紹介したが、クオークには6種類あることがわかっている。また、素粒子には、クオークのほかに「レプトン」と呼ばれる種類もあり、電子やニュートリノはレプトンの仲間である。

そのニュートリノの観測を行っているスーパーカミオカンデでは、巨大なタンクに5万トンもの水が蓄えられている。詳細は省くが、ニュートリノが水中で移動するとまれに光が出るため、その光を検出することで観測を行っている。

このタンクに貯められているのが、不純物を極力取り除いた超純水だ。タンク内で作業をするときにはボートに乗って移動するそうだが、あるときちょっとしたアクシデントが起こり、作業を行っていた研究者がボートに乗ったまましばらく待機することになったという。そのときにボートに横になっていたら、髪の毛が3センチほど水に浸かっていて、翌朝、頭皮の激しいかゆみで目が覚めたそうだ。記事によると、超純水が髪の栄養素を先端から吸い出し、栄養素の欠乏が頭皮まで達したことが原因とのこと。

純度の高い水は、体内に取り入れると悪影響を及ぼすという話はしばしば耳にする。純水が体内のミネラルを溶かし込んでしまうからというのが、その理由だ。

純水が体に悪いということの真偽のほどはわからないが、純度の高い水が物を溶かす力が強いことは確かであり、侮ってはいけない。

◎まとめ

水は物を溶かす力が強い。
純度の高い水ほど、物質を溶かす力も大きくなる。

20 水以外の物質によっても生命は存在できたのか

私たちが生きていくうえで水が欠かせないことは言うまでもないが、ここまで述べてきたように、水が他の物質とは違う不思議な性質をもっているから、私たち生物は水に頼るようになったのだろうか。一方、たとえ水がなかったとしても、他の物質を利用して生物が生きることはできたのではないか、という考えもある。

しかし、宇宙の成り立ちを考えると、私は、水素と酸素でできている「水」でなければ難しかったのではないかと思う。

水素は、宇宙誕生直後から存在していた。一方、酸素は星の中でしか生成できないので、酸素が登場するのは、早くとも最初の星ができた、宇宙誕生から1億年後のことだ。

そして、水素と酸素が一緒になるには、星の中でできた酸素が外に放出されなければならない。そのために必要なのが、超新星爆発だ。星が一生を終えて爆発するときに内部でつくられた酸素も宇宙空間にばらまかれる。そうしてようやく水素と酸素が出会うので、水ができるのは宇宙が誕生してから少なくとも数億年後である。

さらに言えば、宇宙が誕生して92億年ほど経った頃（今から46億年前）、太陽系のひとつとして地球が誕生する。地球はほぼ岩石でできているが、岩石の中に水も含まれていた。その水が蒸発して水蒸気となって地球のまわりを覆い、地球全体が冷えてくると、水蒸気が液体の水に変わる。それが地表に降り注いでたまったものが、海だ。そうして水が豊富な地球ができあがった。

酸素は星の中で比較的つくられやすい元素だ。私たちが利用するには、やはり十分な量を確保できることが必要なので、複雑な原子ではなく、水素と酸素という宇宙空間にたくさん存在するものでなければ、生物が十分に活用して生きながらえていくことは難しかっただろう。だから、ほかでもない水が、私たちにとってありがたい性質をもっていることが奇跡的なのだ。

◎まとめ
宇宙の成り立ちを考えると、水でなければ難しかった。

21 炭素ができたことも生命誕生の奇跡につながる

生命にとって重要な物質は、もちろん水以外にもある。たとえば「リン」は、リン酸カルシウムという化合物を構成して骨や歯の主成分となったり、ATP（アデノシン三リン酸）という形で体内でのエネルギーの出し入れに使われたりしている。

物理学というより化学の話になるが、ATPはアデノシンという化合物に3つのリン酸がくっついた形をしている。体内でATPが分解されると、末端のリン酸が離れて、その結合部に蓄えられていたエネルギーが放出される。そうやってエネルギーを取り出すことで、筋肉を動かしたり、呼吸をしたり、血液を循環させたり、内臓を働かせたりと、生命活動を行っている。

このようにエネルギーの出し入れにATPを使っているのは人間だけではない。他の動物も植物も細菌も、すべての生物がATPを使ってエネルギーを取り出している。だから、すべての生物にとってATPは不可欠で、ATPがつくられるにはリンが欠かせない。

炭素も重要だ。体内を構成する元素で、酸素についで量が多いのが炭素だ。結合の手を4本もっている炭素は、生命に必要な複雑な分子をつくり出すのに重要な役割を果たしている。炭素を含む化合物を「有機物」というように、炭素なしに生命は存在できない。

また、宇宙の誕生後、酸素は星の中でつくられたと書いたが、その前に炭素ができなければ酸素もできなかった。宇宙の誕生直後からあった水素やヘリウムを材料に、酸素や炭素といった重い原子核が星の中でどんどんつくられるようになるのだが、最初に炭素が生まれなければ、その先の元素はできない。

だから、まず炭素が生成されることが必要不可欠なのだが、実は炭素ができたことも奇跡だといわれている。

星の中で炭素がどのようにできるのかというと、まず、ヘリウム（陽子2個、中性子2個）が2つ集まると、陽子4個、中性子4個のベリリウムができる。一方、炭素は、陽子6個と中性子6個なので、ヘリウムが3つ集まるとできるものの、3つ集まるのはそれこそ奇跡的な確率であり、一気にはできない。

陽子4個と中性子4個のベリリウムの原子核は非常に不安定（ベリリウムは自然界では陽子4個、中性子5個の形で安定する）なので、すぐに壊れてしまう。そのときに、ヘリウムの原子核がひとつぶつかると、陽子と中性子が6個ずつ集まり、炭素の原子核ができる。ただし、ぶつかっても簡単に6個の陽子と6個の中性子がまとまるわけではない。詳しい理由はここでは省くが、20世紀半ばまでは、「星の中で自然に炭素はできないはずなのに、どうしてできたのか……？」と、炭素が星の中でできることは研究者の間の「不思議」のひとつだった。

当時の物理学者たちが理由を調べるうちにわかったのが、炭素がもち得るエネルギーの値に理由があるということだった。

炭素の原子核は陽子と中性子が6個ずつあり、12個の粒子でできている。12個もあると、いろいろな状態をとることができ、エネルギーのいちばん低い状態から、ひとつ上の状態、もうひとつ上の状態……と何段階かの形になる。いちばん下の状態を「ゼロ」とすると、その上がいくつ、その上がいくつ……ととびとびの決まった値になっている。

「不連続なとびとびのエネルギーをもった状態でしか存在することはできない」という性質は、ドイツの物理学者マックス・プランクによって発見された。量子論が生まれるきっかけとなった発見で、彼は後に「量子論の父」と呼ばれるようになり、ノーベル物理学賞も受賞している。

炭素の原子核がもち得るエネルギーも、ある特定のとびとびの値に決まっていて、その中のひとつがたまたま今の値だったから、星の中で炭素が生まれた。もしもほんの数パーセントでも値がずれていたら、星の中で陽子6個と中性子6個をまとめて炭素の原子核をつくろうと思っても、すぐに壊れてしまい、生成できなかっただろう。

炭素ができなければ酸素もできず、当然、水もできなかった。電子のもつ電気量がたまたま今の値だったから、水分子が104・5度という特別な角度をもつようになったのと同じように、炭素も、たまたまこのとびとびの値のひとつがちょうどよかったから星の中でつくられたのだ。

◎まとめ

生命に必要な複雑な分子をつくるには炭素が不可欠。
炭素原子核のエネルギーが今の値から数パーセントでもずれていたら、炭素は生まれなかった。

22 宇宙空間にも水はある？

前述したとおり、水素は宇宙ができた当初から存在し、酸素は星の中でつくられる。今では、星の中でつくられた物質は宇宙空間にばらまかれているので、宇宙空間にも水はある。たとえば、彗星は、ほぼ氷でできている。

太陽系で太陽から最も遠い惑星である海王星（冥王星は小さいことが後からわかり、準惑星に格下げになった）の軌道よりも外側に、「エッジワース・カイパーベルト」と呼ばれるリング状の〝彗星の巣〟がある。そこにはたくさんの氷があり、ふだんはその付近で動き回っているものの、何かの拍子に太陽の近くに落ちてくると、太陽風を受けて溶かされ、ガスやチリを放出して光り、彗星になる。

火星にも、北極の地下に厚い氷の層がある。今でこそ温度が低いため、液体の水としては存在できず氷になっているが、昔は地表にも水が存在していた。水の流れていた跡が、火星の地表に見つかっている。

火星に氷があるように、太陽系の地球以外の惑星にも水自体は存在し得るのだが、地球よりも太陽に近いと気温が高すぎて水蒸気になってしまい、地球よりも遠いと寒すぎて凍ってしまう。

ただ、太陽系の衛星（惑星のまわりを回る天体）では、いくつか液体の水が存在する星が見つかっている。

そのひとつが、土星のまわりを回っている衛星「エンケラドゥス」だ。表面が氷で覆われていて、内部に液体の水があり、表面から水蒸気が噴出している。当初はそんなことは予想されていなかったが、土星探査機カッシーニが近くで写真を撮ったら温泉のように水蒸気が出ていることがわかり、凍った表面の地下に水があることが判明した。

同じように木星の衛星「エウロパ」も、表面は氷で覆われているが、氷の層の下に液体の水でできた海が埋まっている。

だから、太陽系のなかでも水があるのは地球だけではない。

水の中には生命がいる？

水があることがわかったら、次に気になるのが「生命体は存在するのか」ということだろう。

先日、東京大学の戸谷友則教授が、宇宙で生命ができる確率はどのくらいあるかという研究結果を論文にして話題になった。

生命がどう誕生したのかは諸説あるが、なかでも有力なのが、最初の生命は「ＲＮＡ」（リボ核酸）からはじまったというものだ。そこで、その研究では、生命のもとになる最小単位であるＲＮＡが偶然できる確率を導き出す方程式をつくり、計算が行われた。

結果は、生命の発生に必要な最小限のＲＮＡが偶然生まれるには、宇宙の星の数が10の40乗個ほど必要ということだった。つまり、「10の40乗個」という、途方に暮れるほどの星があれば、そのうちのひとつで生命が誕生しているかもしれないということ。これは現状で観測できる星の数をはるかに超えている。

ということは、どこか遠くの宇宙に生命が見つかる確率は限りなく低いということだ。そのため、この研究では、残念ながら地球外生命は見つからないだろうという結論を出していた。

しかし、まだがっかりする必要はない。この研究で計算しているのは、地球にいる生命とはまったく無関係に、ランダムな化学反応でたまたま生命が誕生する確率だ。

地球にいる生命と同じルーツをもつ地球外生命がいる確率は、また別だ。どこかで生命が生まれて、それが地球に降ってきて、同様に他の星にも降っていて、そこでも生命が繁殖しているという可能性までは否定されていない。たとえば、太陽系ができたときには、多くの隕石が地球にも木星などにも降ってきている。もしもそこに生命のもとがあれば、他の星に地球外生命がいてもおかしくはない。

だから、液体の水があればそこで生きる生命がいるのではないかという仮説のもと、現在、懸命な生命探査が行われている。

探査機を飛ばしてまた戻ってこられるのは太陽系のなかのみなので、できれば太陽系でなんとか探したいというのが研究者たちの本音だ。エンケラドゥスやエウロパのように、太陽系のなかで水の存在が確認されている星は、まさに期待の星である。

ただ、もっと遠く、太陽系の外となると、行って帰ってくることはできないので、望遠鏡で観測するしかない。望遠鏡を見て、「緑がある」「酸素がある」といった生命のサインを見つけることで生命がいるかどうかを調べている。緑を探すのは、地球上と同じようなメカニズムで命が育まれると仮定すると、生命には葉緑素が必要だからだ。もしも宇宙に生命があるとわかれば、人類にとって大きな飛躍だ。まだ誰も見つけてはいないものの、生命探査は、今、急速に発展している分野のひとつである。

◎まとめ

太陽系で水がある星は、地球だけではない。
水が存在する星に生命体がいる可能性は否定できない。

4章

生活に隠れた物理学

23 カーブで倒れないギリギリの速度は？

車高の高いバスに乗っていると、カーブで曲がるときに倒れるんじゃないか、と心配することはないだろうか。

先日、東京からつくばへ向かうために乗っていたバスが桜土浦インターチェンジで高速道路を降りたのだが、ぐるりと回って出ていくのでバスは傾き、「大丈夫か」と心配になってしまった。心配ついでに思わず計算しようとしてしまったのが、倒れるときの条件だ。

倒れるかどうかは、「重心に力がどう働くか」で決まる。

バスの重心の位置は正確にはわからないが、バスの上部はすかすかで重いエンジンは下にあるので、おそらく下のほうにあるだろう。

その重心にかかる力を考えると、ひとつは下に押される力、つまり「重力」だ。これは、「質量×重力加速度（9・8メートル毎秒毎秒）」で求められる。

もうひとつの重心にかかる力は、「遠心力」。

カーブを曲がるときには、重心をカーブの外側（横）に引っ張るような力が働く。遠心力は「質量×速さの2乗÷カーブの半径」で求められる。スピードが速いほど遠心力は大きくなり、カーブの半径が短いほどカーブが急になるので、やはり遠心力は大きくなる。

この「重力で下に押される力」と「遠心力で横に押される力」を足すと、その対角線の向きに力が働く。それがタイヤの内側にあればいいのだが、タイヤの外側に出てくると、倒れてしまう。だから、重力と遠心力というふたつを足したときのベクトルの向きが大事だ。

感覚的にはバスが重いほうが倒れにくいような気がするが、実はバスの重さ（質量）は重力にも遠心力にもかかっているので相殺される。重要なのはベクトルの向きだから、カーブの半径さえわかれば、時速何キロ以上で曲がれば倒れるかを計算することができる。

バスに乗っていたときにはカーブの半径がわからなかったので結局のところ計算は断念したのだが、道路脇に、「この先カーブがありますよ」と教えてくれる黄色い警戒標識とともに「R＝100」「R＝500」といった標識が立っているのを目にしたことはないだろうか。あれは、カーブの半径を教えてくれている。

バスやトラックの運転手は、その標識を見て、速度を経験と感覚で考えているのだろう。

タイヤの外側にベクトルがくるとバスは横転する

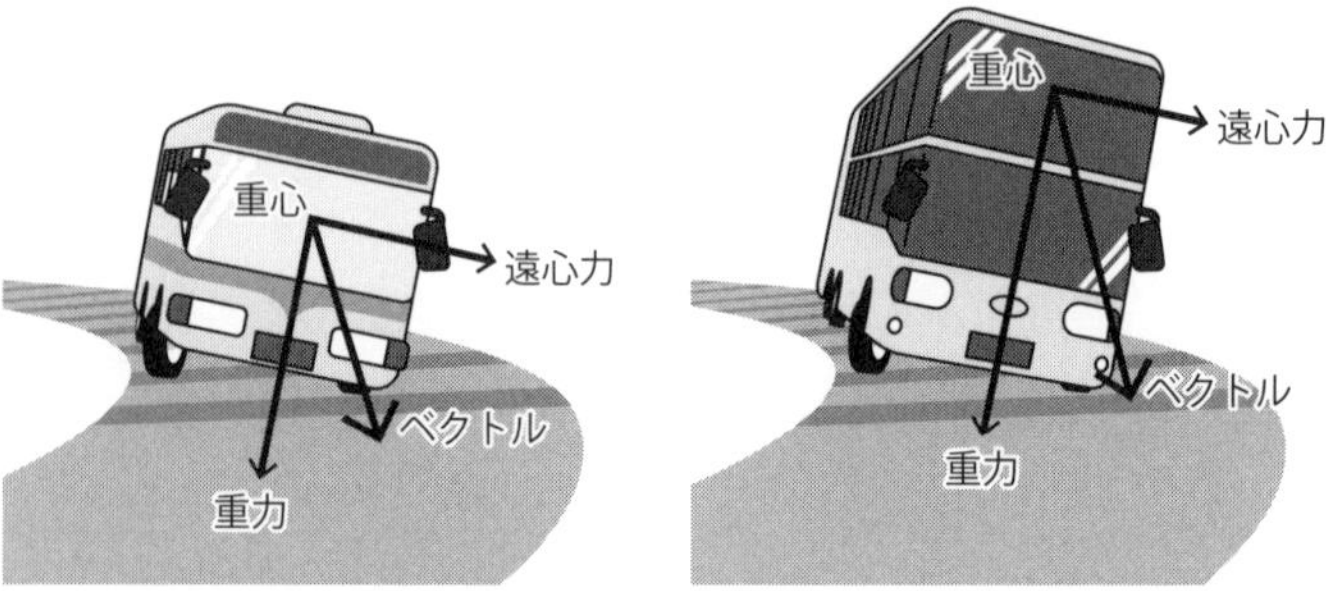

ところで、ときおり、トラックなどが横転したというニュースを耳にする。そのときに多いのが、重たい荷物を積んでいるケースだ。少し前には、キャベツ1000箱を積んでいた大型トラックがジャンクションでカーブを曲がり切れずに横転したと報じられていた。

荷物を載せると重心が上がる。重心が上がれば、先ほどの重力と遠心力を足した力の向き（角度）が同じでも、タイヤの外側にいきやすくなる。だから、荷物を積んだ車は、そんなにスピードを出していなくても、ちょっとしたカーブでも横転しやすい。それは、トラックだけではなく、一般の自家用車でも同じだ。ルーフに物を乗せれば重心が上がり、横転する可能性が高くなるので、気をつけてほしい。

物理学を生業にしていると、こんなふうについ計算したくなってしまうのだが、多くの人は経験的に物理法則にかなった行動をとっている。カーブを曲がるときにはスピードを緩めるのもそのひとつ。

また、オートバイのロードレースでコーナーを回るとき、レーサーはバイクから身を乗り出すようにして自分の体を地面に近づける。遠心力はスピードの2乗に比例するため、レースのようなハイスピードで曲がればかなりの遠心力がかかり、横向きに大きな力が働く。当然、転倒のリスクが大きいので、重心をできるだけ下げることで転倒を防いでいるのだ。バイクごと倒したほうが重心はより低くなるが、そうすると今度はスピードが落ちてしまう。スピードをあまり落とさないために、自分の体を倒すことでカバーしているのだろう。物理学という視点で見ても、とても合理的な行動だ。

◎まとめ
カーブの半径と重心の位置がわかれば、倒れないギリギリの速度がわかる。

24

自転車はなぜ倒れないのか

多くの人が普通に乗りこなしている自転車も、実は遠心力をうまく活用しながら、私たちは乗っている。

子どもの頃、最初に自転車に乗ったときのことを覚えているだろうか。最初は、倒れそうになったときにどうすればいいかわからず、そのまま転んでしまったかもしれない。でも、練習しているうちになんとなくコツがつかめてきて、すーっと走れるようになっていく。

私たちは、どちらかに倒れそうになったときに咄嗟にハンドルを切っている。体で覚えているので意識していないかもしれないが、傾きそうな方向にハンドルを曲げているはずだ。

右にハンドルを切れば、逆の左方向に遠心力が働く。カーブを曲がるときと同じ現象だ。右にハンドルを切るということは、右側にほんのちょっと曲がろうとしているわけだから、反対側に引っ張られるような遠心力が働く。それが傾く力と釣り合うことでバランスが保たれるというわけだ。

自転車に乗っている間中、私たちは、そうやって細かくバランスを調整している。普通のスピードで走っているときにはほとんど意識しないものの、スピードを落とせば落とすほど、小刻みなハンドル操作が必要になる。遠心力はスピードの2乗に比例するため、あまりにも遅いと遠心力が弱く、より強くハンドルを曲げなければ戻らないからだ。

逆に、スピードに乗っているときにはほんのわずかにハンドルを動かすだけで十分なので、ハンドルを動かしている感覚さえないかもしれない。むしろハンドルを動かしすぎると、遠心力がかかりすぎて倒れてしまう。

ちなみに、ある程度スピードを出せば手を放したままでも走ることができるが（道路交通法上はアウト）、そのときにも微妙に重心をコントロールして、倒れそうになったら遠心力を利かせることでバランスを保っている。

◎まとめ

ハンドルを左右に切ることで遠心力を巧みに操ってバランスを保っている。

25 宇宙空間でロケットが急カーブしたら？

「生活のなか」の話ではないが、宇宙空間でロケットがカーブするときのことを考えてみよう。

まず、宇宙空間を移動する乗り物の中は、無重力状態になる。このことはよく知られているが、実際は、重力が働いている。ただ、重力を感じない状態になる。どういうことか、説明しよう。

たとえば、地上から高度４００キロメートルの宇宙空間を、地球を約90分で一周するスピードで移動している国際宇宙ステーションでは、地上から少し離れた分、地上よりは少し弱まるものの、まだ重力が働いている。

ただ、地球の上空を回っているということは、回転する方向の外側（地球とは反対の向き）に遠心力が働く。遠心力と、地球の中心へと引っ張られる重力がちょうど釣り合うため、重力を感じない無重力状態になる。

だから、まっすぐに進んでいるときには、よく見る映像のように、乗っている人たちは中でフワフワと浮いている。

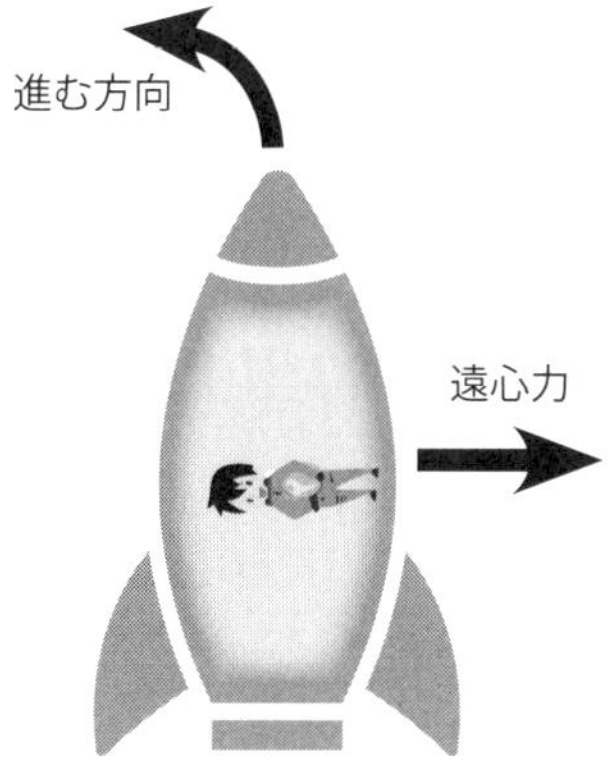

では、力を加えてググッとカーブしたら、乗っている人はどうなるのだろうか。

無重力状態のなか、カーブをすれば遠心力のみが働く。つまり、カーブする方向の外側に対して垂直に力が働くので、中に乗っている人たちは、垂直方向にある壁に押し付けられる。いわば、そちら側が「下」になる。

だから、宇宙空間でロケットがカーブしたら、カーブする方向に対して垂直な方向にある壁に立つことができる。

◎まとめ

宇宙空間でカーブをしたら、遠心力のみが働く。

遠心力で押された乗組員は、反対側の壁に立つことができる。

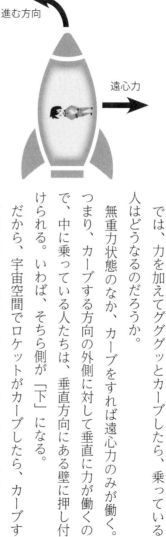

26

遠心力の正体とは

遠心力はあらゆるところで働いている。曲がるときに働く力という印象があるかもしれないが、ある意味ではまっすぐに進んでいるときにも、実は働いている。

遠心力とは、簡単に言えば慣性力だ。

動いているものは、そのまままっすぐに進もうとする性質がある。そのときに強引に曲がろうとすると、まっすぐに進もうとする力を打ち消して曲がらなければいけない。だから、曲がる人から見ると、まっすぐに進もうとする余計な力がかかっているように見える。それが、遠心力だ。

一方、まっすぐに進んでいる人にとっては何も力が働かないように見えるので、遠心力はよく「見かけ上の力」といわれる。

つまり、遠心力はまっすぐに進まない人にとっては実際に働く力だが、まっすぐに進む人には力が働いていないように見えるというように、相対的なところがある。

同じような性質は、重力にもある。重力は、地球の中心に向かって引っ張られる力だ。地球上で止まっている人には、下向きの力がかかっている。

一方、物と一緒に下に落ちている人には、力が働いていないように見える。もしもの話だが、エレベーターに乗っていて、ロープが切れてエレベーターが重力のままに落下したら、中に乗っている人は無重力状態になる。

地面に対して止まっている人には重力が働くが、地面に向かって落ちている人には何の力も働いていないように見えるということ。まっすぐに進んでいる人には遠心力が働いていないように見えるのと同じことだ。

このように遠心力と重力には似た性質があり、実は本質的には同じものだ。ただ、「同じものだ」と納得するには、アインシュタインの「一般相対性理論」の理解が必要になる。重力は、ニュートンの万有引力の法則で説明される、すべてのものがもつ相手を引き付ける力のことだ。一般相対性理論では、この重力を、時間と空間のゆがみで説明する。物体があるとそのまわりの時間と空間がゆがみ、重力が生まれる、と。

同様に、遠心力も時間と空間のゆがみで生じる力と説明することができる。

ただ、日常生活で遭遇するような現象であれば、一般相対性理論を持ち出さなくとも、ニュートン力学に基づいた計算で十分に通用する。

遠心力を、一般相対性理論に基づいて時空のゆがみを計算することで求めることもできるが、微分幾何学などの難解な数学が必要となり、恐ろしく面倒な式になる。ニュートン力学で計算すれば、バスが倒れる条件で紹介したように、中学校レベルの数学で解決する。

それでいて、得られる結果はほぼ同じだ。

「ほぼ」と書いたのは、宇宙空間のブラックホール付近のように重力がとてつもなく強い場所や、遠心力がとてつもなく大きくなる場合などは、無視できないズレが生じるから。そうした極端な状況では一般相対性理論を持ち出さなければ正しい答えは出ないが、地球上で日常的に起こる出来事であれば、ニュートン力学に基づいた理解と計算で十分だ。

◎まとめ

遠心力とは、まっすぐ進もうとする力に反したときに感じる慣性力。

相対性理論では、重力と同じ時空のゆがみで説明される。

27 LED照明はなぜ省エネなのか

ここからは、身の回りにある家電に使われている物理学の話をしよう。

まずLED照明だ。発光ダイオード（Light Emitting Diode）を使った照明のこと。LED照明が一般に普及するようになって、10年ほどが過ぎた。LEDの特徴は、何といっても寿命が長いこと。白熱電球のおよそ40倍長持ちするといわれている。また、消費電力も少なく、白熱電球に比べて約6分の1で済む。

なぜLEDは寿命が長く省エネなのかを説明する前に、まずは白熱電球が発光する仕組みから説明しよう。

白熱電球は、簡単に言えば、熱を光に変えている。前提として、すべての物は必ず電波を出している。電波は目に見えないが、電波と目に見える光（可視光線）は、同じ電磁波の仲間だ。電波と可視光線を比べると、電波のほうが、波長が長くエネルギーが低い。

電球の内部にある、タングステンという金属で作られたフィラメントに電流を流して温

電波と可視光線の波長

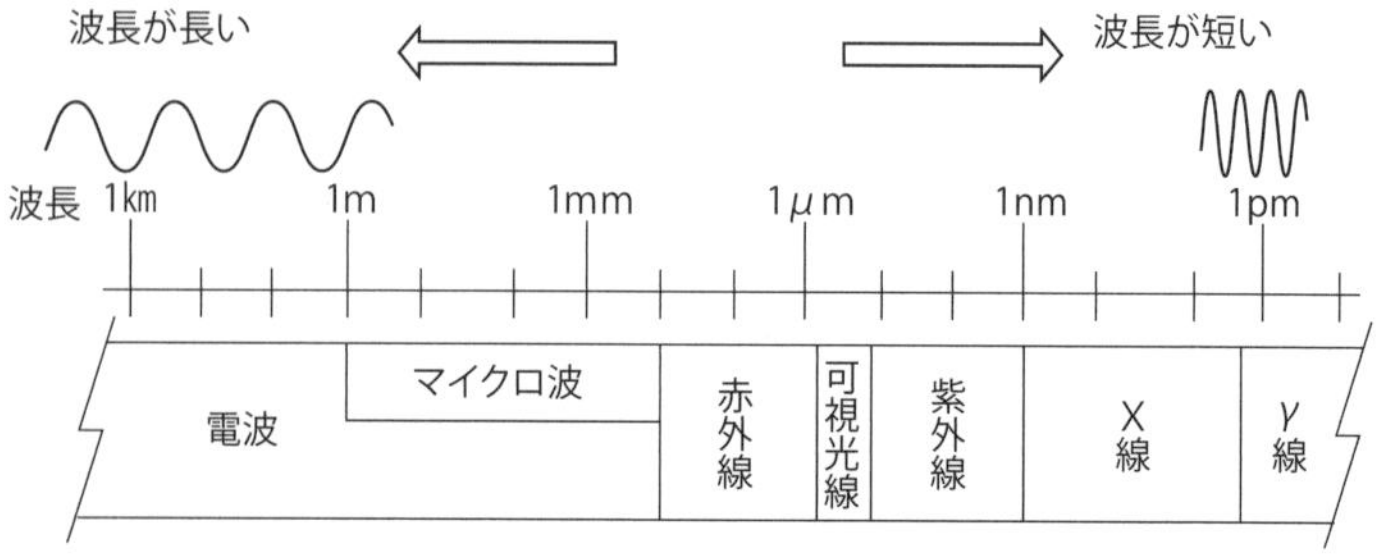

めると、温めるほどにエネルギーが高くなり、出す電磁波の波長が短くなる。2000度を超えるくらいにまで温めるとようやく目に見える光が出てくるようになる。

白熱電球は、タングステンが目に見える光を出すまで高温に温めることで、白く光らせている。流した電気は光よりも熱に変わるので、非常に効率が悪く、多くの電気を消費する。

一方、LEDのほうは、熱を光に変えるという要素がまったくない。

LEDは、一方向にしか電流が流れない特別な物質（半導体の一種）をふたつ組み合わせてできている。

2種類の半導体を組み合わせると、電流を流したときに、ふたつの半導体の接合部分でエネルギーが階段状になる。その階段状になっているところでエネルギーが落ち、その時生じた余分なエネルギーが光に変換される。

そのエネルギーの階段（エネルギーギャップという）を、ちょうど目に見える赤、緑、青の光がもつエネルギーと同じにしておくと、光を出してくれるというわけだ。

組み合わせる物質を変えるとエネルギーギャップが変わり、いろいろな光が出る。昔は赤や緑の光しか出せなかったが、ようやく青い光も出せるようになったのが１９９０年前後のこと。それが、ノーベル物理学賞で有名な青色ＬＥＤだ。

なぜ「青い光」が必要なのか

目に見える光のなかでいちばんエネルギーが高いのが、青い光だ。ノーベル賞を受賞したことからもわかるように、その高いエネルギーをもつ光を出すことは非常に難しかった。

青色ＬＥＤの研究でノーベル物理学賞を受賞した三氏の一人、中村修二さんの著書を読むと、相当な苦労の末にできたことがわかる。理論が先にあるわけではないので、これとこれを組み合わせたらどうか、配合を変えたらどうか、少し不純物を混ぜたらどうか、ちょっと傾けたらどうか……など、やってみなければわからない。実験を重ね、散々苦労した末にできたそうだ。

当時、中村さんは徳島県にある日亜化学工業という会社で研究をされていたのだが、まわりからは「青色ＬＥＤなんて無理だ」と反対され、あまりにもまわりがとやかく言うので会議に出るのも電話に出るのもやめた、と書かれていた。しかも、実験室を爆発させることもたびたびあったそうだから、よくクビにならなかったものだと思うが、創業者である当時の社長が後ろ盾になってくれていたらしい。

なぜ青色の光が重要だったのかと言えば、赤と緑の光はすでにできていたので、青色が加われば、光の３原色が揃うからだ。赤、緑、青の３色の光を組み合わせると白い光ができる。白い光ができれば、照明として使える。

少し補足すると、私たちの目の中には、赤、緑、青という３つの光を感じる細胞がある。逆に言うと、その３種類しか見分けることができない。３種類の色の組み合わせや、それぞれの色の強さで、多彩な色を感じている。

赤、緑、青の光がすべて強いとき白色に見えるので、白い光にはすべての色が含まれている。だから、白い光を物に当てると、あるものは赤い光を吸収して赤以外の光を反射し、別のあるものは緑の光を吸収して緑以外の光を反射するというように、物に色がついて見える。一方、赤い光を当てても、「赤い光を反射しやすいか、しにくいか」しかないので、世の中はモノクロになってしまう。それは、緑の光、青い光でも同じだ。

　すべての色をもっている白い光だからこそ、照明になる。そして、私たちの目は、赤、緑、青しか見分けがつかないので、この3色さえ揃えば白色になり、最後の一色である青色のLEDをつくることが待ち望まれていたというわけだ。

青色LEDと蛍光物質の組み合わせで白い光をつくる

　赤、緑、青の3色のLEDを組み合わせると白い光ができるのだが、今の主流はその方式ではなく、青色LEDと蛍光物質を組み合わせて白い光をつくっている。

　蛍光物質とは、ある波長の光を当てると、その光を吸収して別の波長の光を出す物質のこと。蛍光物質は、当てた光よりも長い波長の光（つまりはエネルギーの小さい光）しか出すことができない。赤、緑、青のなかでいちばん波長が短いのが青い光なので、ある蛍光物質に青い光を当てれば、赤と緑の光を出すことができる。だから、ここでも青い光が重要になる。

今のLED照明は、青色LEDと、青い光を当てると青以外の色の光を出してくれる蛍光物質を組み合わせることで白い光をつくりだす方式が主流になっている。

そして、「LED照明はなぜ省エネなのか」というもともとの問いに戻ると、白熱電球は熱を光に変えているので多くの電気を消費する一方、LEDは電気を直接光に変えているので効率がよい。

また、白熱電球の場合、明かりをつけるときにはフィラメントに使われているタングステンを2000度以上に温めている。熱に強い物質とはいえ、温めたり冷やしたりを繰り返せば、どんどん劣化していくので、寿命が短い。

一方、LEDでは熱を光に変える部分がひとつもない分、劣化しにくく、長持ちする。LEDは電気を直接光に変えているところが、それまでの照明との大きな違いだ。

◎まとめ

LEDは、電気を直接光に変えるからムダが少ない。

28 電子レンジは何を温めているのか

電子レンジは、中に入れた食品を温める機械だが、「何を温めているのか」と言えば、「水」だ。食品に含まれている水を温めている。

「マイクロ波」と呼ばれる電波を使って水分子を振動させることで、食品に含まれる水を温め、その食品全体を温めるというのが、電子レンジの仕組みだ。

ここでも、水分子が104・5度という魔法の角度をもち、分子内でプラスとマイナスが偏っていることが役に立つ。おさらいすると、水分子は「く」の字のようになっていて、水素原子側はプラスの電荷を帯びやすく、酸素原子側はマイナスの電荷を帯びやすい。

一方、電波とは、78ページの図にもあるように電磁波の一種である。

電磁波とは、「電場」（電気の力が働く空間）と「磁場」（磁気の力が働く空間）が連続して発生する波のこと。電磁波のなかで、波長が比較的長いものが電波と呼ばれる。さらにマイクロ波は、電波の一種だ。

ここでは、磁場のことはさて置き、電場の波、つまり〝電子を動かす力のもと〟が振動しているものと電波のことをイメージすればわかりやすいと思う。

電波は波なので、電波が来ると、プラスとマイナスを引き付けたり反発させたりする力のもとが上を向いたり下を向いたりする。

そうすると、ふだんはバラバラな方向を向いているそれぞれの水分子が、〝電子を動かす力のもと〟の向きが変わるごとにプラス側が引き付けられ、マイナス側が引き付けられ……と、揺り動かされる。つまり、波の周期に合わせて強制的に向きを変えさせられるので、水分子が振動する。

分子の振動とは、すなわち熱だ。分子が振動すれば、その振動エネルギーで水が温められ、ひいては全体が温められる。

ちなみに、電子レンジと似たものにオーブンがあるが、オーブンは、ヒーターで赤外線を放射して、直接的に食品を温めている。オーブンの種類によって、庫内の空気を温め、温めた空気を対流させながら空気の熱を食品に伝えるタイプ（熱風循環方式）と、上下のヒーターで赤外線を放射して食品を直接温めるタイプ（上下ヒーター方式）がある。どちらも共通するのは、表面から焼くということ。だから、オーブンでは焦げ目がつく。

一方、電子レンジは食品を内部から温めるから、全体的に温まるものの、表面を焼くことはできない。オーブンと電子レンジは形こそ似ているが、温め方の仕組みはまったく違う。ちなみにオーブンレンジは、名前のとおり、オーブンの表面から温める機能と、電子レンジの内部から温める機能の両方を兼ね備えている。

ところで、先日、私の職場である高エネルギー加速器研究機構（ＫＥＫ）で火災警報器が鳴った。ＫＥＫには加速器（電子や陽子などの粒子を光速近くまで加速して、高エネルギー状態をつくる装置）があり、放射線を扱っているので、ちょっとした煙が出ただけですぐに消防隊が駆け付けてくる。

そのときにも消防車が出動して大騒ぎとなったが、ふたを開けてみれば、学生が焼き芋を電子レンジに入れて温めようとしたら煙が出たというだけだった。学生は、まさかこんな事態になるとは思わなかっただろう。

電子レンジは食品に含まれている水を温めているため、水分がなければ温まらない。焼き芋は水分が少ないため、すぐに水分が蒸発してなくなり、炭化してしまったようだ。オーブンだったらこんな事態にはならなかったはずだ。電子レンジは、内側から温めるからこそ、外から温める場合では考えられないようなことがたまに起こる。そして、水分子が180度ではなく114・5度に傾いて結合していることが重要で、もしも水がまっすぐだったら電波を当てたところで振動しないので、電子レンジというものも実現しなかった。

◎まとめ

電子レンジは、食べ物に含まれている水を電波が振動させて温める。
オーブンは、赤外線を放射して表面から温める。

29 電子レンジを使っていると、Ｗｉ－Ｆｉがつながらない？

電子レンジで使われている電波は、２・４ギガヘルツという周波数をもつ。周波数は、1秒間に繰り返される波の数だ。０・３ギガヘルツから３００ギガヘルツくらいの周波数の電波をマイクロ波と呼ぶ。

「ギガ」は10の９乗（10億倍）だから、２・４ギガヘルツの周波数とは、1秒間に24億回行ったり来たりしている波だ。

この２・４ギガヘルツの電波は、電子レンジだけに使われているわけではない。無線ＬＡＮの代名詞となっている「Ｗｉ－Ｆｉ」にも同じ周波数の電波がある。Ｗｉ－Ｆｉで使われる電波にはいくつかの種類があり、そのうちのひとつが、まさに電子レンジと同じ２・４ギガヘルツ帯だ。

だから、２・４ギガヘルツの電波を使っているＷｉ－Ｆｉにつないだスマートフォンやパソコン、ゲーム機などをもって、使用中の電子レンジに近づくと、つながりにくくなったり、つながらなくなったりする。それは、電波が干渉し合っているからだ。

干渉とは、ふたつ以上の同じ種類の波が重なり合って、お互いに強め合ったり弱め合ったりすること。波の山と山、谷と谷がピタッと重なれば2倍に増幅され、山と谷がピタッと重なれば打ち消し合う。

そもそも電子レンジが発明されたきっかけは、まったく別のことに使われていたマイクロ波だった。軍事用レーダーだ。

アメリカのレイセオンという会社で軍事用レーダーの実験を行っていたときに、エンジニアのパーシー・スペンサー氏のポケットにたまたま入っていたチョコレートが溶けた。その前から、マイクロ波を発生させると熱をもつことには気づいていたそうだが、溶けたチョコレートを見てハッとし、今度はポップコーンの原料を近くに置いたところ見事にはじけ、マイクロ波を調理に使うことを思いついたという。

電子レンジに使われている電波は、電子レンジ専用ではないということだ。もしも電子レンジを使っている最中にＷｉ－Ｆｉがつながりにくくなったら、まずは電子レンジから離れてみてほしい。電波が干渉を起こしている可能性が高い。

もうひとつ電子レンジに関する注意点を付け加えると、金属は電波を通さないので、金属の容器に入れると、肝心の食品にまで電波が伝わらない。たとえば缶コーヒーを電子レンジに入れても、缶が電波を反射してしまって、まったく温まらない。アルミホイルも同じだ。アルミホイルに包んで入れても食品を温めることはできない。

それどころか、金属を電子レンジに入れて温めると、電波を反射すると同時に、電波の影響を受けて金属の表面の電子が動き回り、飛び出してしまって放電の原因になる。電子レンジの取扱説明書を見ると、使える容器、使えない容器が紹介されているが、そこには当然、物理学的な理由がある。

◎まとめ

電子レンジで使われている電波の周波数は2・4ギガヘルツ。一部のＷｉ－Ｆｉにも同じ電波が使われている。

30 「エコキュート」はエアコンと同じ原理

家庭でのエネルギー消費のおよそ3分の1を占めるのが、給湯だそうだ。その給湯を省エネ化する仕組みのひとつが、「エコキュート」。エコキュートという名前はよく耳にするものの、それがどういうものなのか、知っている人は少ないのではないだろうか。

エコキュートでは、空気の熱を有効活用してお湯を沸かしている。

お湯を沸かすには熱を加えなければいけないが、すべて電気で沸かそうとすると、その熱をゼロからつくり出さなければいけない。たとえば20度の水を40度のお湯にするには、20度の水と40度のお湯のエネルギーの差の分だけ、電気のエネルギーが必要になる。

エコキュートでは、空気がもともともっている熱エネルギーと電気のエネルギーを合わせて熱にするので、ゼロから熱をつくり出すよりも電気代を節約することができる。

空気がもっている熱エネルギーとは、つまり温度だ。そうすると、「気温が低い日は大丈夫なのか」「冬の寒い日の空気はエネルギーをもっているのか」などと疑問に思うかもしれない。

もちろん大丈夫だ。温度とは、分子の振動エネルギーのこと。どんなに気温が低くても、たとえば0度の空気であっても、その空気を構成している分子は振動している。

分子の振動が限りなくゼロに近づきエネルギーが最低になるのは、絶対零度といわれるマイナス273・15度だ。ということは、たとえ0度であっても、最低より270度以上も上なので、分子はかなり振動している。


ただ、その振動のエネルギーをうまく取り入れるにはちょっとした手間が必要になる。というのは、熱は、冷たいものから温かいものに自然に流れることはない。ただファンで空気を取り込むだけでは熱を集めることはできない。

そこで、使われているのが「ヒートポンプ」というシステムだ。

物質は圧力をかけたら温度が上がり、圧力を下げたら温度も下がる。この性質を利用して、空気の熱を取り込み、水に熱を移すことでお湯を沸かしている。

具体的には、エコキュートに採用されているヒートポンプシステムでは、システム内を二酸化炭素がぐるぐる回っている。まず、低温の二酸化炭素が空気に接することで、空気

エコキュートの仕組み

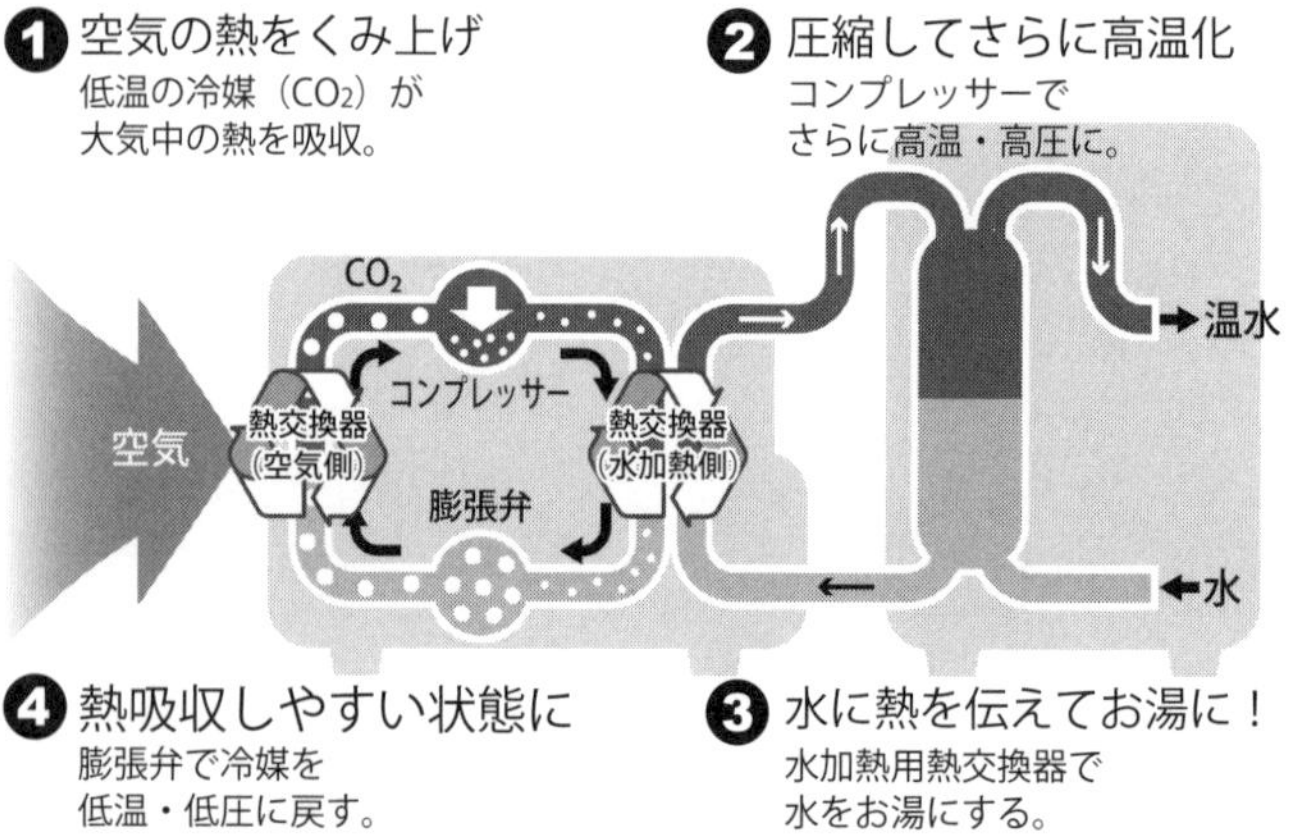
❶ 空気の熱をくみ上げ
低温の冷媒（CO2）が
大気中の熱を吸収。
❷ 圧縮してさらに高温化
コンプレッサーで
さらに高温・高圧に。
CO2
コンプレッサー
熱交換器（空気側）
熱交換器（水加熱側）
膨張弁
空気
温水
水
❹ 熱吸収しやすい状態に
膨張弁で冷媒を
低温・低圧に戻す。
❸ 水に熱を伝えてお湯に！
水加熱用熱交換器で
水をお湯にする。

https://www.mitsubishielectric.co.jp/home/ecocute/introduction/about.html

中の熱を吸収する。次に、熱を吸収した二酸化炭素をギュッと圧縮すると、さらに高温になり、熱エネルギーができる。

熱は、温度の高いところから低いところへは自然に移るので、圧縮されて高温になった二酸化炭素が水に接すると、自ずと水のほうに熱が移っていき、水が温められる。

一方で、熱を渡して温度が下がった二酸化炭素は、圧力を下げることでさらに温度が下がり、再び熱を吸収しやすい状態になってスタート地点に戻り、空気中の熱を取り込む仕事を繰り返す。

そうやって二酸化炭素がぐるぐる回り、空気中の熱を運ぶ役割をしている。このように熱を伝える媒体となるものを「冷媒」という。そして、冷媒などを使って、空気中の熱を集めて移動させる技術がヒートポンプだ。

エアコンもエコキュートも原理は同じ

先ほどのプロセスで、空気の熱を運ぶ二酸化炭素に圧力をかけて高温にしたり、圧力を下げて低温にしたりするところは、文字どおり、プレスでギュッと圧縮したり膨張させたりする必要がある。だから、ある程度のスペースと電気のエネルギーが不可欠だが、ゼロから水を温めるより消費エネルギーはずっと少なくて済む。

理想を言えば、空気のもつ熱エネルギーをそのままお湯を沸かすのに使えればいいのだが、物理法則上、冷たいものから温かいものに熱を移すことはできない。このことは、熱力学の第二法則として知られている。

冷たいものから温かいものに熱を移動させるには、必ず何らかのエネルギーが必要となる。だが、何度も書いたように、ゼロから水を温めるより投入するエネルギーは少なくて済むので、エコキュートはお得になる。

このエコキュートが登場したのは2000年頃と比較的最近だが、ヒートポンプという仕組み自体は以前から使われていた。そのひとつが、エアコンだ。暖房の場合は、エコキュートと同じように、空気の熱を取り込んで、圧縮してさらに温度を上げると、室内の空気に熱を伝えて温風を送る。一方、熱を渡した後の冷たくなった空気は室外機から外に出す。

冷房の場合は、その逆だ。室内の空気の熱を取り込んで温かくなった空気は外に出し、熱を奪われて冷たくなった空気を冷風として室内に送っている。

だから、エアコンを冷房にすると室外機から生暖かい空気が出て、暖房にするとやけに冷たい空気が出る。室外機から出ている冷たい空気や熱い空気を何かに有効活用できないかと思うのだが、活用するには、また新たなエネルギーが必要になってしまう。

いずれにしても、エアコンもエコキュートも原理は同じだ。物理学のなかでも、目に見えない熱にまつわる現象の基本法則を探る「熱力学」の考えが活用されている。

◎まとめ

空気の熱を使って水や室内の空気を温めるのに、熱力学の法則が活用されている。

31 原子力発電と火力、水力発電は何が違う

パソコンやスマートフォンを使っていると、熱をもつことがよくある。コンピューターは、エネルギーという観点で見ると、電気のエネルギーを取り入れて熱エネルギーに変えている（その過程で、情報処理を行っている）ので仕方ないのだが、その熱を有効活用してパソコンやスマートフォンの電源にできるのかというと、先ほどの室外機の熱と同じで、熱を有効なエネルギーに変換するのは難しく、かえってエネルギーを使うことになる。部屋を暖めるくらいしか使い道はないだろう。

さて、その熱エネルギーなどから、電気という利用しやすいエネルギーをつくり出すのが発電だ。

発電にはいくつかの種類があり、代表的なものが火力発電、原子力発電、水力発電、太陽光発電など。このうち、供給量が最も多いのが火力発電で、全体の8割弱を占めている。水力発電が1割弱で、かつて3割ほどを占めていた原子力発電は東日本大震災以降減り、

現在は数パーセントである。
それぞれの発電でどのように電気をつくり出しているのか、まずはシンプルな水力発電から説明しよう。

水力発電は、簡単に言えば、水が高いところから低いところへ流れるときの「位置エネルギー（重力エネルギー）」を、電気エネルギーにつくり変えている。上から水が流れてくると、その勢いでタービン（羽根車）が回る。そうすると、タービンにつながっている発電機も回り、電気がつくられる。

ここで、発電機はどんな仕組みなのかと言えば、子どもの頃に理科の授業で行ったコイルと磁石の実験を覚えているだろうか。電線をぐるぐる巻いたコイルに磁石を近づけたり遠ざけたりすると、コイル内の磁場が変わり、N極とS極が交互に入れ替わり、電流が生まれる。このことを「電磁誘導」といい、流れる電流のことを「誘導電流」という。
発電機の仕組みも、このコイルと磁石の実験とまったく同じだ。発電機は大きなコイルと大きな磁石でできていて、コイルを回転させるか、磁石を回転させることで誘導電流を発生させ、電気をつくり出している。

ちなみに、上から物を落とすと、高ければ高いほど速度がどんどん速くなる。水力発電でも高低差が大きいほど速度が増すので、そのエネルギーを使って発電できる量も増える。

ここまでが水力発電の説明だが、「タービンを回転させて発電機を回し、電気をつくる」ということは、火力発電も原子力発電もそのほかの風力発電や地熱発電なども同じだ。その手前の「回転のエネルギーをどうやって得るか」に、それぞれの発電方法の違いがある。

火力発電の場合、熱エネルギーを回転エネルギーに変えている。つまり蒸気機関と同じだ。火力発電では、液化天然ガスや石炭、石油などの燃料を燃やして水を温め、沸騰させ、水蒸気をつくる。水蒸気になると体積がワッと増えるので圧力が増し、その圧力で水蒸気が勢いよく飛び出し、タービンを回す。その後は水力発電と同じ仕組みだ。

ちなみに、タービンを回した後の水蒸気は、冷やされて水に戻り、再びボイラー内で温められて水蒸気になるということを繰り返す。

原子力発電も火力発電に似ている。水を温めることは同じで、その温め方が違うだけだ。原子力発電では、原子核が粒子とぶつかって別の原子核に変化する「核反応」で生じるエネルギーを使って水を温めている。この際に使われるのがウランの原子核だ。

ウランの原子核に中性子が当たると、原子核がふたつに核分裂する。このときに質量が少し減る。その減った分が、莫大なエネルギーとなって出てくる。

原子核というごくごく小さなものが分裂するだけでそんなに大きなエネルギーが出るのか、と不思議に思うかもしれない。ところが、原料は小さくても、その中には莫大なエネルギーが入っている。

このエネルギーは、世界一有名な方程式といわれる、アインシュタインの「$E=mc^2$」で求められる。つまり、質量と光速の2乗をかけた値だ。原子核の分裂で減少する質量はほんの少しだが、「光速＝30万キロメートル毎秒」の2乗という莫大な数値がかかるから、エネルギーも莫大な量になる。

そのエネルギーで水を温めて水蒸気を発生させ、その後は火力発電と同じ仕組みで電気をつくる。

回転エネルギーを使わない「太陽光発電」

水力発電は位置エネルギーを回転エネルギーに変え、火力発電と原子力発電は熱エネルギーを回転エネルギーに変えることで電気をつくり出す。回転エネルギーに変えて発電機を回すところはすべて同じだ。防災用の手回し充電式のラジオなども同様である。

一般的な発電方法で回転エネルギーを使っていないのは、太陽光発電くらいだろう。太陽光発電については前著『世界の仕組みを物理学で知る』でも紹介したが、もう一度簡単に説明すると、光を当てれば電気が飛び出てくるという「光電効果」を活用している。

ソーラーパネル（太陽電池）に太陽の光が当たると、光電効果でたくさんの電子が飛び出してくる。そうして流れた電気を取り出しているので、太陽の光がもつエネルギーを直接電気に変えている。いろいろな発電方法があるなかで、太陽光発電だけは異色だ。

◎まとめ

火力発電も原子力発電も水力発電も、タービンを回して発電することは同じ。
その回転エネルギーを火力と原子力は熱でつくり、
水力は位置エネルギーでつくる。

32 地上に太陽をつくる？

現在、最もエネルギー供給量が多いのは火力発電だが、いちばん効率のよい発電方法は原子力発電だ。すでに述べたように原子力発電は、小さい原料で莫大なエネルギーを生み出す。

一方、火力発電は、燃料を燃やしてできるエネルギーのほとんどは熱になり、原子力発電に比べると効率は悪い。また、燃料費が高い、燃焼時に出る二酸化炭素が地域温暖化の原因になるといったデメリットもある。

ただ、原子力発電が抱える問題はやはりその安全性だ。ウランの原子核が核分裂を起こすときのエネルギーを活用している点は、核爆弾と同じである。違うのは、原子力発電では一気に分裂させず、少しずつ核分裂が起きるように制御していること。

ウランには核分裂を起こしやすいもの（ウラン235）と、核分裂を起こしにくいもの（ウラン238）とがある。原子力発電では、核分裂を起こしやすいウラン235の含有割合は数パーセントで、なおかつ、制御棒を用いて核分裂で飛び出した中性子を吸収するなどして、長い時間をかけて少しずつ核分裂を起こすようにコントロールされている。一方、核爆弾は、ほとんどが核分裂を起こしやすいウラン235なので、次々と核分裂を起こして一瞬で莫大なエネルギーを放出する。

スリーマイル島での事故や、その後に起こったチェルノブイリ原発での事故は、制御に失敗して、核爆弾のように一気に核分裂が進んでしまったために起きたものだ。東日本大震災のときにも、同じことが起きかけていた。

また、原子力発電と同じように核反応を用いた発電として、水素の原子核が核融合するときのエネルギーを用いた「水素力発電」も長年研究されている。

核融合は、太陽をはじめとした星が光り輝くエネルギーの源だ。

原子力発電に使われるウランは非常に重い原子で、分裂するときにエネルギーが出るのだが、太陽の場合は水素という軽い原子でできていて、軽い原子の場合はくっついたときに質量が小さくなりエネルギーが出る。

水素力発電がめざすのは、水素の原子核同士がくっついてヘリウムになる（核融合）ときに放出するエネルギーを利用するというもの。太陽の内部で行われていることと同じで、核融合発電の研究は「地上に太陽をつくる研究」ともいわれる。

ウランは有限な資源であり、とくに核分裂を起こしやすいウランは自然界に少なく、使い続ければいずれ尽きてしまう。水素であれば、無尽蔵に存在すると言ってもいいほど大量にあり、枯渇の心配はないため「夢のエネルギー」といわれて久しいのだが、いまだに実現していない。

一番の課題は、安全性の確保だ。一気に核融合が起きれば水素爆弾になってしまうので、少しずつ核融合が起きるように制御し、エネルギーを少しずつ取り出す方法を確立しなければいけないのだが、それが難しい。「今にもできる」といわれ続けて、はや数十年。世界中で研究が続けられているものの、まだ夢のままだ。

◎まとめ

主力の火力発電は非効率、CO_2排出量が多い点がデメリット。
水素の核融合発電の研究も続けられているが、長年の課題は安全性。

5章

医療を支える物理学

33 体温計には物理学が詰まっている？

以前医学系の大学生を対象に、物理学の授業を行っていたことがある。そのときには医療のなかで使われている物理学を中心に講義をしたのだが、医療には物理学の知識がかなり応用されている。

身近な体温計ひとつとっても、物理学の知識がたくさん詰まっている。

物質は、温度が上がると体積が増える。温度が上がれば分子の振動が激しくなり、一つひとつの分子が場所をとるようになるからだ。これを「熱膨張」という。

ちなみに、昔は熱も物質だと思われていた。電子が流れて電流が流れるように、「熱素（カロリック）」という物質が移ることで温度が変わるのではないかと考えられ、熱素は元素のひとつとされていた。これを「熱素説」という。

たとえば、温度の高いものに触れれば、私たちは「温かい」と感じる。熱素説では、物質の温度は熱素がどのくらい含まれているかで決まり、温かいものに触れると熱素が手に流れてくるから温かくなる、と説明されていた。

もちろん、熱素説は誤りだ。熱とは分子のもつエネルギーであり、熱が伝わるとはエネルギーが移動することだ。分子のもつエネルギーが増えれば分子の運動が増える。その運動の激しさを表す物理量が、温度だ。

その「温度をどうやって測るのか」だが、昔の体温計は、温度が上がると液体が膨張するという性質を利用し、その膨張した体積を見ることで温度を測定していた。

温度計によく水銀が用いられていたのは、熱が伝わりやすく、温度による体積の変化が小さいからだ。温度とともに体積が大きく変化したほうがわかりやすいように思うかもしれない。でも、大きく膨らめば、測定部分と膨張した先端で温度が変わってしまう。そうすると誤差が大きくなるので、体温計としては適さない。だから、温度による膨張率の小さい水銀があえて使われ、その体積の変化を見るために細いガラス管に入れられていた。

現在使われている電子体温計は、測定部分に、温度が高くなると電気が流れやすくなる物質が入っていて、その電流の変化を測定することで温度を測っている。

水銀体温計のときには水銀に熱が伝わって体積が膨らむのを待たなければいけなかったが、今の電子体温計は10秒や30秒程度でピピッと鳴り、体温を教えてくれる。ただし、これは「予想体温」だ。

ピピッと鳴った時点では、まだ温度は上がりきっていない。温度の立ち上がり方から「そのまま10分間測定していればこの温度になるだろう」という温度を計算して教えてくれている。

あくまでも予測値であり、体温計のセットの仕方によって温度の上昇の仕方は変わってしまうため、わきで測るときにはわきをしっかり閉じるなど、正しく測らなければ正確な温度を予測することはできない。本来は、実際に上がりきるのを待って測定したほうが正確だが、わきで測るには10分ほどかかってしまう。

1秒で温度がわかる「耳式体温計」は？

もうひとつ、耳式体温計というものもある。プローブという深針を耳の穴にいれ、鼓膜の温度を測定している。ものの数秒でピピッと温度がわかることが特徴だ。

これは、体が出している電磁波を測定している。

私たちの体は、常に目には見えない電磁波を出している。というよりも、絶対零度（マイナス273・15度）以上のすべての物体は常に電磁波を出している。

4章で「電子を揺り動かすと電波（電磁波）が出てくる」と書いたが、電子だけでなく電気を帯びた粒子は揺らすと電磁波が出てくる。

温度をもつということは、原子や分子が振動しているということ。原子や分子の中にはマイナスの電荷をもつ電子やプラスの電荷をもつ陽子がある。温度をもち原子や分子が振動しているときには、その中の電子や陽子も揺り動かされている。そうすると電磁波が出てくるので、絶対零度以上のすべての物体は常に電磁波を出しているというわけだ。

そして、物体が出す電磁波の性質は、温度によって変わる。

温度が高くなるほど、出す電磁波の波長は短くなり、電磁波の量も増える。つまり、温度が高い物質ほど、強い電磁波を出すようになる。

常温の場合は、可視光線よりも波長が長く（＝エネルギーが小さい）、電波よりも波長が短い（＝エネルギーが大きい）「赤外線」が出る。だから、自動ドアやリモコン、エアコンの人感センサーなど、赤外線センサーは身近なところによく使われている。

私たちの体温はだいたい37度前後であり、このくらいのもの（というより、常温付近のもの）はおよそ10マイクロメートルの赤外線を出している。そして、出てくる赤外線のエネルギー量は温度が高くなるほど増える。

温度とエネルギー量と波長の関係は物理学の法則で明らかになっているので、出ている赤外線のエネルギー量がわかれば、温度もわかる。

耳式体温計では、赤外線センサーで鼓膜から出ている赤外線のエネルギー量を瞬時に測ることで温度を割り出している。

最近、新型コロナウイルス感染症の影響から、店や会社の入口で、おでこや首にかざして測るタイプの非接触式体温計をよく見かけるようになった。外気にさらされている皮膚を測るので、鼓膜の温度を測る耳式体温計よりも精度は落ちるようだが、赤外線のエネルギー量を測るという基本原理は同じだ。

ところで、テレビの通販番組などで、「この商品を使ったら、体温がこんなに変わりました」などと、温度の変化を表すカラフルな画像をよく目にすると思う。あれは、サーモグラフィを使って測定したものだ。

サーモグラフィの原理も、耳式体温計とまったく同じだ。対象が出している赤外線のエネルギー量を調べて、その結果を色で表すと、あのような画像になる。

◎まとめ

水銀体温計は、「熱膨張」を応用したもの。
電子体温計は、「電気伝導率（電流の流れやすさ）」の変化を応用したもの。
耳式体温計は、「放射（物体が電磁波を出すこと）」を応用したもの。

34 指を挟むだけで血液中の酸素量がわかるのはなぜ？

新型コロナウイルス感染症では肺炎や重症化を早めに察知するための指標として、「酸素飽和度」が話題になった。酸素飽和度は、血液中にどのくらいの酸素が含まれているのかを表すものだ。具体的には、赤血球に含まれるヘモグロビンのうち、酸素と結合しているヘモグロビンの割合を示している。だいたい96パーセントを超えていれば正常で、90パーセントを下回る場合には呼吸不全が疑われる。

この酸素飽和度を測るための装置が、「パルスオキシメーター」だ。洗濯ばさみのような形をしていて、指を挟むだけで酸素飽和度を測ることができる。

指先を挟むだけで、指の内部を流れている血液中の酸素をどうやって測っているのかと言うと、実は「色」を利用している。

血液は「赤い」というイメージがあると思う。だが、血液の液体成分は赤ではなく薄黄色だ。血液が赤く見えるのは、血液中の赤血球に含まれるヘモグロビンの色が赤いから。

なおかつ、ヘモグロビンが酸素と結び付くと、より鮮やかな赤色になる。逆に酸素が少なくなると、血液は黒ずむ。そこで、パルスオキシメーターでは、血液の色の赤さの度合いを調べることで、酸素飽和度を測定している。

赤いということは、赤い光を吸収せず、反射するということだ。

パルスオキシメーターで指を挟むと、上部から波長660ナノメートルの赤い光と、波長990ナノメートルの赤外線が当てられる。酸素を多く含む赤い血液であれば、赤い光はほとんど吸収せず、赤外線のほうを多く吸収する。一方、酸素の少ない血液だと、赤い光を多く吸収し、赤外線はあまり吸収しない。

だから、指先を通り抜けてセンサーが受け取る赤い光と赤外線の量を調べると、それぞれどのくらい吸収されたのかがわかり、血液中の酸素の量もわかる。

◎まとめ

血液が赤い光と赤外線を吸収する度合いを調べることで、血液の酸素量を測っている。

35 MRIは何を画像にしているのか

体内の様子を画像化する画像診断にはいくつかの種類があるが、実は、レントゲンに使われるX線の発見者（ヴィルヘルム・レントゲン氏）も、CTの発明者も、MRIの発明者もノーベル賞を受賞している。レントゲン氏はドイツの物理学者で、CTのもととなった理論を考案したアラン・コーマック氏は素粒子物理学者、MRIの開発でノーベル生理学・医学賞を受賞した一人ピーター・マンスフィールド氏も物理学者だ（もう一人の受賞者ポール・ラウターバー氏は化学者）。

このことからもわかるように、画像診断と物理学は切っても切れない関係にある。なかでもMRIは、量子論を応用した画像診断法だ。

原子は原子核と電子でできていて、原子核は陽子と中性子で構成されていることはすでに説明した。原子核の陽子と中性子の両方、またはどちらか一方が奇数の場合、原子核は

「スピン」といって、回っているような状態をもつ。

「回っているような状態」と歯切れの悪い表現になるのは、この回転は量子論でいうところの回転であって、厳密に言うと回っているわけではないからだ。

MRIでは、体内のどこにでもある水素原子（水もタンパク質も脂肪も、水素原子が含まれている）の原子核のスピンを使って、画像を撮っている。

水素の原子核は陽子1つなので、陽子1つが回っているような状態になっている。ふだんはバラバラの向きで回っているが、MRIで強力な磁場（磁石の力）をかけると、原子核のスピンは、磁石の力が働く向きを軸として、そのまわりをくるくると、みそすり運動（コマを回すと、ピンとまっすぐに回るのではなく、軸が円を描くように少しずれながらゆっくりとくるくる回る。この動きのことを「みそすり運動」「歳差運動」という）するようになる。つまり、向きが揃う。

そこに、その回転数と同じ周波数をもった電磁波（この場合はラジオ波という電波の一種）をかけると、水素の原子核が共鳴してエネルギーを吸収する。そしてラジオ波を止めると、原子核は同じ周波数の電磁波（ラジオ波）を放出しながら、やがて元の状態に戻っていく。

その放出する電磁波を拾うと、どこから出ているのかがわかるので、水素原子核の分布がわかる。また、元の状態に戻るのにかかる時間は、水素原子がどんな状態で存在するのか（水なのか、脂肪なのか、骨なのかなど）によって異なるので、放出される電磁波を調べることで水素原子の状態もわかる。

そうすると、体内のどこに何があるのかがわかり、体内の画像が得られるというわけだ。

ＭＲＩ検査を受けるときには、「体を動かさないように」と言われる。ところが実際は、外から磁力とラジオ波をかけることで、体内の水素原子の原子核を一定方向に揺り動かし、そこから出てくる電磁波をとらえることで体内の画像をつくっている。そして、その原子核の動きは、スピンという量子論の考えに基づいている。

◎まとめ
ＭＲＩは、体内の水素の分布と状態を画像化している。

36 レーザーも量子論のおかげ？

シミやほくろをレーザーで除去する、虫歯予防のためにレーザーを照射する、アレルギー治療のために鼻の粘膜をレーザーで焼く……など、レーザー光も医療でよく使われている。私はかなり強い近眼なのだが、レーシック手術もレーザーが不可欠と聞く。私自身は怖いので今のところ回避しているが、レーシックでは角膜にレーザーを照射して角膜のカーブを変えることで視力を回復させるそうだ。

レーザー光は、ある一種類の波長の光だけが集まった光だ。

普通の光には、様々な波長の光が混ざっている。たとえば白い光は、あらゆる色（波長）の光を含み、青く見える光も青い光が強いだけで、やはりいろいろな波長の光を含む。

レーザー光は、完全なひとつの波として光を出す特殊な装置から発せられる、人工的につくられた光だ。これが実現したのも、実は量子論のおかげだ。

励起状態

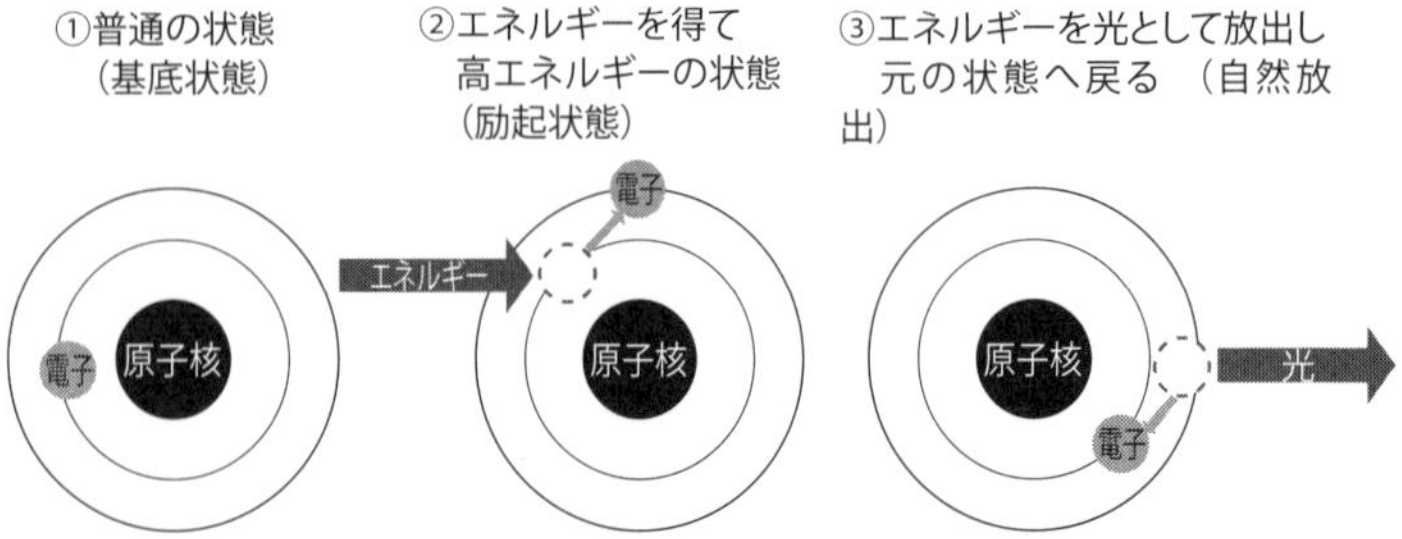

原子は、電子のある場所によってエネルギーが変わる。

安定した状態にある電子が外部からエネルギーをもらい、電子が外側の軌道に飛び移ることを「励《れい》起《き》状態」という。このときにはエネルギーが少し高くなっている。

でも、励起状態にある原子は不安定なので、しばらくすると電子はエネルギーを手放して元の軌道に戻る。

このときに、エネルギーの差を光（電磁波）として放出するが、その光の波長は原子によって一定だ。つまり、同じ波長の光しか出さない。

なぜなら、原子のとり得るエネルギーはとびとびになっているので、あるエネルギー状態から次のエネルギー状態に移るときには、そのエネルギー差に合わせて、必ず同じ波長の光が出てくるからだ。

さらに、出る光とまったく同じ光を当ててやると、光を出しやすくなる。つまり、ある光を当てると、かなりの確率で、当

レーザーの仕組み

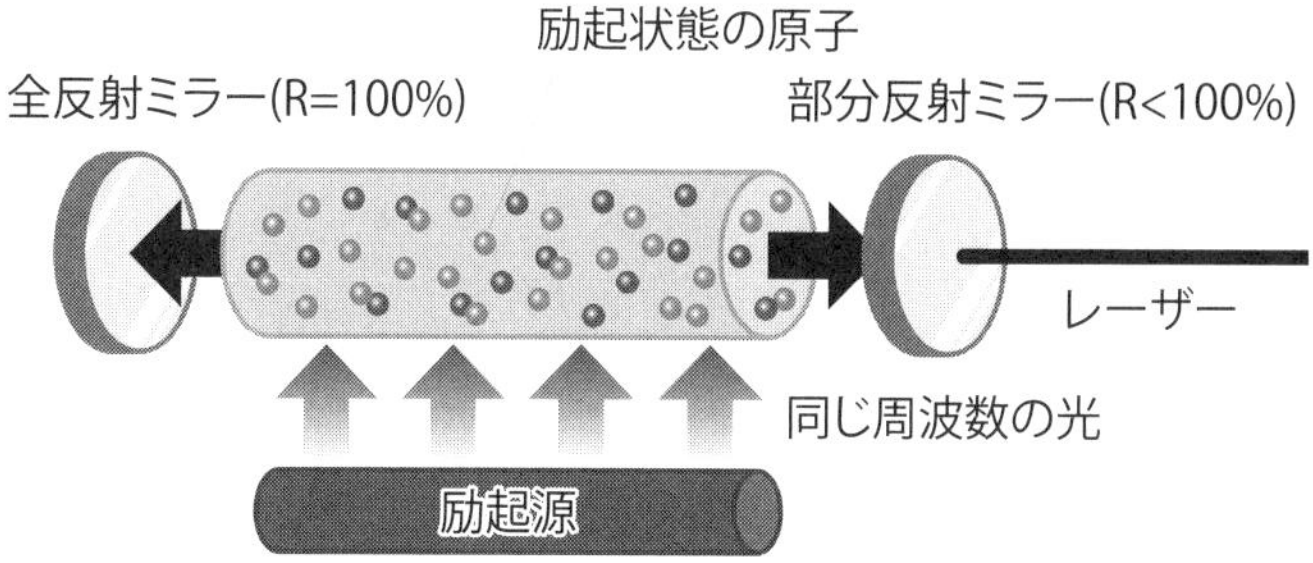

た光とまったく同じ光が2倍になって出てくる。このことを「誘導放射」といい、量子論が教えてくれる性質のひとつだ。

誘導放射という現象を初めて論文に書き記したのは、あのアインシュタインだ。実験を行ってそうした現象が見られたわけではなく、最初は、彼が理論的に導き出した仮説だった。

その後、なぜ誘導放射という現象が起こるのかをよくよく調べてみると、量子論の原理から来ていることが判明した。

この誘導放射こそがレーザーの原点だ。

エネルギーを与えて励起状態（高エネルギー状態）にした原子が多数含まれているところに、外から同じ周波数の光を送ると、原子にぶつかって同じ光を出し、その出てきた光が近くの原子にぶつかってまた同じ光を出す……と、同じ波長をもった光がどんどん増えていく。さらに、両端を鏡で挟むと、その間を光が行ったり来たりするので、さらに同じ光が増えていく。

そうやってまったく同じ波長をもつ光を増やしたうえで片側から光を出してやると、きれいなレーザー光を取り出すことができる。

通常の光は、波長も向きもバラバラないろいろな光が含まれているので、分散していく。たとえば懐中電灯は、手元は明るく照らせるが、光線が分散して、遠くまでは届かない。

一方、レーザー光は同じ波長、同じ向きの光が出てくるため、分散せずにかなり遠くまで一筋の光としてまっすぐ進んでいく。太陽系の外まで届くレーザー光をつくる研究まであるほどだ。そして、光はエネルギーをもつので、レーザーの出力を上げて光を強めれば、レーザーメスのように物を焼き切ることができる。

レーザー光は、ＣＤやレーザーポインター、レーザープリンターなど医療以外にも身近な所で使われている。その発明のおおもとは量子論であり、アインシュタインの存在があったということは、あまり知られていないのではないだろうか。

◎まとめ

レーザーは、量子論の「誘導放射」をもとにした同じ波長、向きの光。

37 粒子線治療では、なぜがんのある場所で止まるのか

がんの三大治療といわれるひとつに「放射線治療」がある。これも、物理学の法則が随所に取り入れられている。

一般的な放射線治療に使われているのは、「X線」や「ガンマ線」といった電磁波の仲間だ。どちらも可視光線（光）や紫外線よりもずっと波長が短く、エネルギーが大きい。

光が私たちの体にぶつかっても通り抜けることはあまりないが、X線やガンマ線は体を通り抜けていく。だから、レントゲン検査やCT検査のように、X線を使って体内の画像を撮ることができる。

光は体を通り抜けられないのに、X線やガンマ線は体を通り抜けられるのはなぜだろうか。それは、先ほども書いたように、もっているエネルギーが違うからだ。電磁波は、名前のとおり、ふだんは「波」としてふるまっているが、「粒」としての性質ももっている

（ちなみに、波であり粒でもある「量子」のふるまいを解き明かすのが量子論だ）。

光の粒は、X線やガンマ線に比べるとエネルギーが小さいため、体にぶつかると、体を構成する原子にエネルギーを吸収されてただの熱になる。

ところが、大きなエネルギーをもつX線やガンマ線は、体の中を通り抜けるとともに、一部はその通り道で体を構成している原子にぶつかり、原子の中の電子を原子の外へはじき飛ばしてしまう。このことを「電離」という。

放射線治療では、この電離作用によって、がん細胞を壊している。


原子と原子は電気の力でくっついて分子という形をつくっているが、電子がはじき飛ばされると、その形が維持できなくなり、分子が壊れてしまう。また、電子をはじき飛ばされた原子は不安定になるので、まわりの原子の電子を奪おうとして新たな電離を引き起こす。そうやって、がん細胞を（実際には正常な細胞も）壊すことで治療効果を得るのが、放射線治療だ。

ところで、放射線治療には、X線やガンマ線のような電磁波を使うもののほかに、陽子

各種放射線の生体内における線量分布

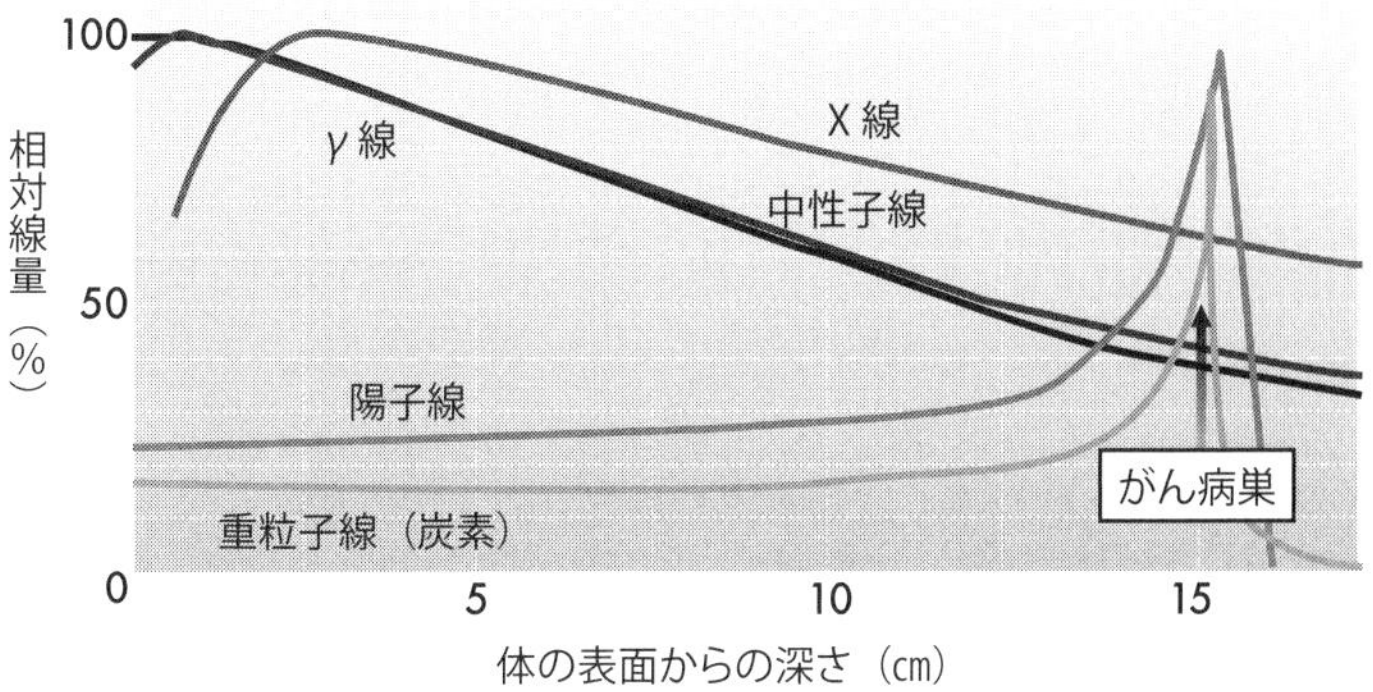

https://www.particle.or.jp/hirtjapan/medical/about/merit.html

や原子核といった粒子を使うものもある。

一般的に、水素の原子核（つまり陽子が1つ）を使った放射線治療を「陽子線治療」、炭素の原子核を使った放射線治療を「重粒子線治療」と呼ぶ。

X線やガンマ線を使った従来の放射線治療でも、粒子線治療（陽子線治療、重粒子線治療）でも、体内を通過するなかで、体を構成している原子にぶつかり、その原子の電子にエネルギーの一部を渡して原子核の外にはじき飛ばす「電離」を起こすことは同じだ。ただ、「どこで起こしやすいのか」が異なる。それを表したのが上のグラフだ。

従来の放射線治療の場合、体内に入った直後からエネルギーを放出し、そのまま、まわりの原子、分子にエネルギーを与えながら体を通り抜けていくので、がんがある場所にたどり着くまでにも、がんを通り越してからも電離を起こしてしまう。

一方、粒子線は、がんのある場所でピタッと止まり、その手前で、一気にまわりにエネルギーを放出して急激に電離を起こす。

なぜそうした違いが生まれるのかと言えば、X線やガンマ線は質量をもたないのに対し、粒子線に使われる陽子や原子核には質量があるからだ。質量をもたないX線やガンマ線は、光と同じで、エネルギーが損なわれても速度は変わらず、止まることもない。

しかし、粒子には質量があるから、エネルギーが損なわれれば速度も落ち、やがては止まる。なおかつ、荷電粒子（陽子も炭素の原子核もプラスの荷電をもつ粒子だ）が物質を通過するときに失うエネルギー量（まわりの物質に与えるエネルギー量）は、物理学の法則で「速度の2乗に反比例する」ことがわかっているので、止まる手前がピークになる。

だから、がんがある場所で粒子線が止まるように送り込むことができれば、がん以外の正常な細胞にはほとんど影響を与えずに、がんだけを狙い撃ちすることができる。

粒子線治療では、陽子や炭素の原子核を「加速器」という機械で光速の7、8割にまで加速して、体内に送り込んでいる。この「加速器で粒子を加速して、物にぶつける」という技術も物理学の応用だ。しかも、加速器の先にいる患者さんの体内にできたがんの場所にピンポイントで合わせて粒子を送り込むには細かい計算が必要になる。当然、ここにも物理学の知識が欠かせない。

もうひとつ必要なのは広い場所だ。

粒子線治療が受けられる施設は限られていて、現在のところ東京には1カ所もない。それは、粒子を加速するためにはかなり大きな加速器が必要だからだ。とくに炭素の原子核のように重い粒子を加速するには数十メートルもの距離が必要なので、土地代の高い都内につくるのは難しいのだろう。

◎まとめ

放射線治療は、放射線が原子にぶつかり、電子をはじき飛ばす「電離作用」を使ってがんを壊す。

粒子線治療では質量のある粒子が使われるので、エネルギーを失えば止まり、止まる直前で電離作用がピークになる。

38 筋肉は何の力で動いているのか

腕を曲げたり手を伸ばしたり脚を上げたり、手足の筋肉は、自分の意識で動かすことができるため、「随意筋」と呼ばれる。

筋肉は動かそうと思えば、動く。当たり前のことだ。だが、「筋肉は何の力で動いているのか」と問われれば、答えられるだろうか。

手足を動かす筋肉は、たくさんの「筋線維（筋細胞）」という繊維状の細胞が束になってできている。さらに一本一本の筋線維のなかには、数百から数千本の「筋原線維」という細長い物質が束になって詰まっている。

筋線維は、直径0・1ミリメートルくらいなので、髪の毛ほどの細さだ。その内側にぎっしり詰まっている筋原線維のほうは直径1マイクロメートル（1000分の1ミリメートル）ほど。この筋原線維が収縮することで、筋肉も収縮する。

筋原線維の収縮

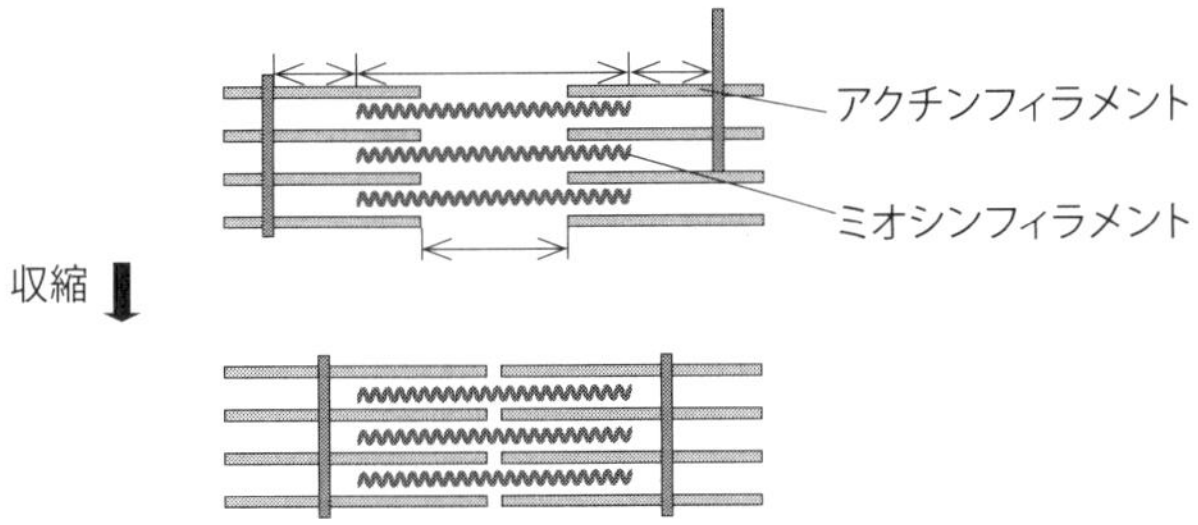

では、筋原線維はどうやって収縮しているのかと言えば、実は電気の力だ。

筋原線維の内側には、「ミオシンフィラメント」という太い線維と「アクチンフィラメント」という細い線維が上図のように並んでいる。筋肉を収縮するときには、アクチンフィラメントがミオシンフィラメントの間に滑り込むことで筋原線維が縮む。

脳から運動神経を経て筋肉に「収縮せよ！」という指令が伝わると、筋線維内にある筋小胞体というところからカルシウムイオンが放出される。そのカルシウムイオンがアクチンフィラメントにくっついているタンパク質に結合することが引き金になって、アクチンフィラメントがぐっと両側から滑り込んでくる。

筋肉を緩めるときには、その逆で、アクチンフィラメント上のタンパク質に結合したカルシウムイオンが離れて、元の筋小胞体に戻っていくと、アクチンフィラメントも元の位置に戻り、筋原線維が弛緩する。聞き慣れない言葉が続けて登場し、少しややこしい説明になってしまったが、ポイントはカルシウムイオンという電気の力が働いて、筋肉（筋原線維）が縮んだり元に戻ったりしているということだ。

そういえば、少し前に四十肩になって整形外科に駆け込んだときに、電気治療をしてもらった。微弱な電流を流すことで筋肉をほぐしたり痛みを和らげたりする治療法だ。筋肉の収縮は電気の力で起こることを考えると、やはり効果があるのだろう。

四十肩のときにも、劇的に「効いた！」という感覚こそなかったものの、痛みは和らいだような気がした。ちなみに、クリスティアーノ・ロナウド選手のCMでおなじみの「シックスパッド」などEMS機器も、電流を流して強制的に筋肉を収縮させるというものだ。

世の中に働く力は、「重力」「電磁気力」「強い力」「弱い力」という4つの力（法則）に集約することができる。電気の力と磁気の力は本質的には同じであることがわかっているので、電磁気力としてひとつの力にまとめられている。「強い力」と「弱い力」は、詳細は省くが原子核の中にある粒子に働く力だ。

この宇宙のなかで起こるすべての動きや変化は、４つの力のいずれかで説明することができる。強い力と弱い力は私たちの目には見えない世界で働いている力なので、私たちの身の回りに起きていること、目に見える動きや変化はすべて電磁気力と重力だけで説明がつく。

筋肉の動きにしても同じで、筋肉が収縮するのは電気の力だ。さらに言えば、筋肉だけではなく、脳が全身に指令を伝えるのも、逆に全身の感覚器官（目、耳、鼻、皮膚など）から脳に情報を送るのも、すべて電気の力である。

◎まとめ
筋肉が収縮するのは、
カルシウムイオンがくっついたり離れたりする電気の力による。

39 肩こり・腰痛への物理学的アドバイス

肩こりや腰痛を抱えている人は多い。

肩こりや腰痛がなぜ起こるのか、医学の視点ではなく物理学の視点で説明するならば、重心が体の中心からずずれればずれるほど、体の重さを骨で支えられず、筋肉で支えることになり、余計な力がかかるからだ。

たとえば、人間の頭の重さは体重の1割ほどといわれている。体重50キログラムの人であれば頭の重さは約5キログラム、体重70キログラムの人であれば約7キログラムだ。5キログラムと言えばボウリングの11ポンド玉と同じくらいで、7キログラムでは15ポンド玉と同じくらいの重さになる。その重さを首まわりの筋肉で常に支えている。

頭の重さは、頭の真ん中あたりにある重心にかかっている。その重さを支えている首まわりの筋肉の力と重心にかかる頭の重さ（重力）の間には、「てこの原理」が働く。てこの「支点」となるのは、第1頸椎と呼ばれる場所だ。7つある首の骨のうち、いちばん上にある骨のこと。普通に正面を向いているときにも、頭の重心は支点となる第1頸椎よりも前にあるので、頭部のてこでは、前に回転させようとする力が働く。それを、首まわりの筋肉が後ろに引っ張ることでバランスをとっている。

パソコンで作業をしているときやスマホを見るときなど、つい猫背になり、顔が前に出がちだ。そうすると、頭の重心はさらに支点から遠ざかり、前に回転させようとする力が大きくなるので、首まわりの筋肉もより大きな力を働かせなければバランスがとれなくなる。そうして筋肉が疲労し、肩こりの原因をつくってしまう。

頭の重心と支点

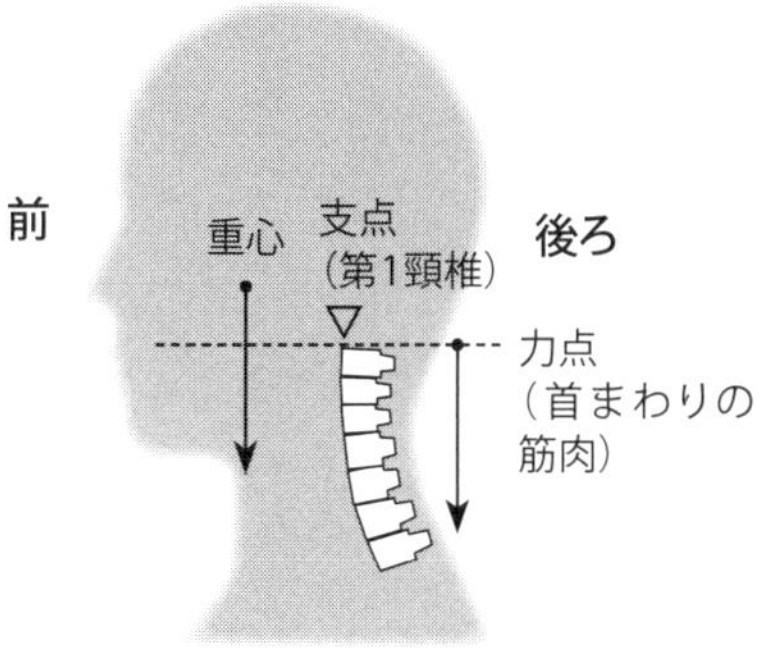

それを避けるには、単純に頭の重心を支点に近づけるような姿勢をとればいい。それが、よくいわれる、頭やあごを前に突き出さないということだ。

つまりはシーソーと同じ。一方に体重の重たい大人が乗っていても支点からの距離が短ければ、反対側は体重の軽い子どもでもつり合う。頭の重さは変わらないのだから、重心の位置を意識すれば、首の筋肉にかかる負担は少なくなる。

重心の位置を意識することは、物を持ち上げたり移動させたりするときにも大事だ。腰痛予防として、よく「前かがみにならないように」と言われる。それは、腰の部分にてこの支点があり、前かがみになると上半身の重心が前にずれることで支点からの距離が遠くなるからだ。前かがみの状態で物を持ち上げれば、上半身の重さと持ち上げる物の重さを支える腰まわりの筋肉の力は、てこの原理で余計に大きくなる。

もうひとつアドバイスを付け加えると、重心をめがけて持つとよい。物を持ち上げるときにも、あるいは人や動物を抱えたりするときにも、持つ場所が重心からずれているほど重くなる。人を移動させるときに足を引っ張ってもなかなか動かないのは、そのためだ。重心がどこら辺にあるかを見極め、重心を移動させるように意識すると、余計な力を使わなくて済む。

◎まとめ

体の重心、持ち上げる物の重心を意識すると余計な力がかからない。

6章

物理学者の今と昔

40 物理学者のコミュニケーション手段が変わった？

この章のテーマは「物理学者の今と昔」としているが、昔と言っても私が知っている程度の昔だ。ガリレオやニュートン、アインシュタインといった歴史に名を残す物理学者が活躍したような時代の話ではないことを、最初に断っておきたい。

ざっと30年ほど前、私が学生だった頃と比べても、物理学者を取り巻く環境はだいぶ変わっている。それこそ30年前にはパソコンの普及率が1割程度だったのが、今では一人1台コンピューターを持ち歩いているような時代なのだから、当たり前のことかもしれない。

物理学者には、「理論家」と「実験家」という大きくふたつのタイプがいる。世の中で起こる現象を説明するための新たな理論を見つけ出すのが理論家で、その理論が正しいのかどうかを実験で検証するのが実験家。ちなみに私は理論家のほうだ。

理論家は一人黙々と机と向き合っているようなイメージがあるかもしれないが、何もないところから閃くわけではないので、アイデアの交換が大事だ。研究者同士で議論をして、アイデアを交換するなかで、新たな理論をつくり上げていく。

Ｅメールがなかった時代には、電話とＦＡＸ、手紙しかコミュニケーション手段がなかったので、私が大学院に入る前頃には、海外にいる研究者との情報交換は「僕はこう思う」などと手紙に書いて、船便やＳＡＬ便で送っていた。船便だと１カ月くらいかかっただろうか。手紙を書いて、その返事が返ってくるまでには軽く数カ月かかっていた。

国際電話や航空便を使えば早いのだが、どちらも値段が高いので、そうやすやすとは使えない。だから、Ｅメールができて、一瞬で、それも無料で海外にいる研究者ともアイデアの交換ができるようになったのは、画期的な変化だ。

ちなみにＳＡＬ（Surface Air Lifted）便というのは、エコノミー航空便とも呼ばれ、船便よりは早く届くけれど航空便よりは遅く、値段も船便と航空便の間という発送方法のこと。昔は、論文を書いたときにもＳＡＬ便で送っていた。

新しい論文を書いたら、世界中でいくつかある学術雑誌を発行する出版社に送り、査読をしてもらう。このプロセス自体は今も変わっていない。そして査読で「これは雑誌に載せるに値する」と判断されれば雑誌に掲載されるのだが、その前に「プレプリントを送る」

という習慣があった。

プレプリントとは、雑誌に掲載される前の論文のことだ。論文を書いたら、雑誌社に送るとともに、近しい人や世界中の主だった研究所、大学、業界内の有名人に印刷したものを郵送し、「こんな研究をしましたよ」と知らせるのが習慣だった。

私が学生だった頃にはまだこの習慣が残っていて、100カ所以上にプレプリントを送っていたので、研究室の誰かが論文を書くたびに、研究室のメンバー全員が集められ、プレプリントを印刷したものを封筒に入れて宛名のラベルを貼るという作業をみんなで手分けして行っていた（大学によってはスタッフが充実していて、発送作業は秘書さんが代わりにやってくれる所もあったが）。

学生であっても論文を書いたら100カ所、200カ所にプレプリントを送っていたので、業界内の有名人のもとには紙の論文が毎日何通も届いていたのではないだろうか。

プレプリントを紙で送るという習慣が変わったのが、1995年前後のことだ。

インターネット上に「arXiv（アーカイブ）」というプレプリント・サーバーができ、各自がプレプリントをファイルとしてアップロードするという方法に変わった。そのおかげで、世界中の研究者たちが誰でも自由にダウンロードして見られるようになった。アーカイブの前身となるサイトができたのは91年のことで、つくったのは、ポール・ギンスパーグというアメリカの素粒子理論物理学者だ。プレプリントを紙で送り合っていては効率が悪いからということで、コンピューターの専門家ではないにもかかわらず、自分でつくってしまったらしい。

最初は、出版される前の論文をインターネット上で公開してしまうことに驚く人も多かった。今でも、「アイデアが盗まれるのではないか」と嫌がる研究者もいる。でも、素粒子の研究者たちの間では「紙で送るなんてまどろっこしい。こっちに載せればいいじゃないか」と早くから受け入れられ、その様子を見ていた他の分野の研究者たちもだんだんと「これは便利だ」と気づいて、みんなが活用するようになった。

私の専門の宇宙論の分野でも、素粒子分野に少し遅れて使わせてもらうようになったのだが、実は、ギンスパーグがアーカイブを作成する前には、ジョアンヌ・コーンという宇宙物理学者がメーリングリストでプレプリントを管理してくれていた。定期的に手動で送ってくれていたわけだから、ずいぶん手間だったろうと思う。それを、サイト上にアップロードするという形で自動化したのが、アーカイブだ。

今では物理学全般のみならず、統計学や数学、生物学など自然科学分野全般の論文のプレプリントを共有するサイトに成長し、もはやアーカイブなしには研究が立ち行かないほどになっている。アーカイブに載せた時点で、「その人が最初に発表した」ということになるので、論文を横取りされる心配もない。

さらに、論文では、ほかの人の論文から文章をコピペしてくる剽窃がたまに問題になるが、最近のアーカイブなどのプレプリント・サーバーでは、アップロードする時点で自動的にある程度のチェックが働くようになっている。具体的な仕組みは公表されていないのでわからないが、他の論文と明らかに似た文章があると、ＡＩが自動的に検知してアラートを出してくれるようだ。同じように剽窃をチェックしてくれるサービスもあり、学生が卒論をコピペして提出しようと思ってもすぐにバレる。

◎まとめ

30年前は、掲載前の論文（プレプリント）をＳＡＬ便で送っていた。
今は、世界中の研究者のプレプリントを共有するサイトがある。

41 ウェブサイトは物理学のためのものだった？

プレプリントを共有するためのサイトである「アーカイブ」の原型をつくったのは素粒子理論物理学者だと紹介したが、そもそも、ハイパーテキストなどの仕組みを使ってインターネット上の情報を結び付け、世界中どこからでも情報を検索・閲覧・利用できるようにした「ワールド・ワイド・ウェブ（WWW）」の考案者も、当時「CERN（セルン：欧州原子核研究機構）」という素粒子物理学の研究所で働いていた人物だ。

ティム・バーナーズ＝リーという人で、2012年のロンドンオリンピックのときには開会式に登場し、ステージ上から「This is for everyone」とツイートしたことが話題になった。彼は、WWWに関して特許をひとつもとっていない。私たちが自由にウェブを使うことができるのは、そのおかげだ。

さらに、日本で初めてのホームページは、私の現在の所属先である高エネルギー加速器研究機構（KEK）で、物理学者の森田洋平さんによってつくられた。国際会議に出席した際にWWWの話を耳にし、スイスのジュネーブにあるセルンを訪れ、バーナーズ＝リー氏からホームページの作り方を手ほどきしてもらったそうだ。

バーナーズ＝リー氏がWWWを生み出したのは1989年で、日本初のホームページがつくられたのが92年9月のこと。

バーナーズ＝リー氏は計算機科学者だが、なぜセルンという素粒子や原子核の研究所でWWWが生まれたのだろうか。セルンは、素粒子のひとつである「ヒッグス粒子」を発見した研究所としても有名だ。また、KEKも加速器を用いた素粒子や原子核の研究を行っている。さらに、前述したように、「アーカイブ」というプレプリント・サーバーを最初に立ち上げたのも、素粒子理論物理学者だった。

素粒子の研究とコンピューターの研究に何か関連があるのかと言うと、直接的にはない。ただ、素粒子物理学の研究では、巨大な加速器を使って電子や陽子などを光速近くまで加速させるという大がかりな実験が不可欠であり、世界各国から数百、数千という研究者が関わり、巨大な実験装置を作り、研究を進めていく。だから、研究をスムースに進めるには情報を共有する仕組みをつくることが必須だったのだ。

もうひとつ、個人的に思うのは、素粒子の研究者はやっぱり頭のいい人が多い。だから、

「いい」と思ったら、自分でつくれてしまうのだろう。なおかつ、科学者全般に言えることだが、凝り性の人が多いので、「ちょっと論文を整理する仕組みをつくろう」と思ってはじめたら完璧なものをつくりたくなってしまって、世界中のプレプリントを共有するようなシステムになっていったのではないか。

凝り性が発揮されすぎて、データの管理やソフトウェアの開発などに注力するあまり、本業の研究のほうが滞ってしまっている研究者もたびたび見かける。

いずれにしても、今でこそウェブサイトは個人や企業が情報発信するためのツールという印象が強いが、もともとは物理学の世界で情報を交換するための仕組みとして生まれた。

◎まとめ

世界初のホームページも日本初のホームページも素粒子の研究所で生まれた。

もともとは物理学の世界で情報交換するためのものだった。

42 AIで世紀の大発見は起こるのか

最近の大きな変化と言えば、物理学の研究でもどんどんAIが使われるようになってきたことが挙げられる。

あまりにも複雑な計算を要するものは、「とりあえずAIを使おう」という風潮になっている。たとえば私の研究分野では、「宇宙の構造はどうやってできたのか」というテーマがある。「最初にこういう宇宙があったら、その後、どういう宇宙になっていくか」をコンピューターでシミュレーションするのだが、簡単には計算できないので、大規模なシミュレーションをするにはかなりの労力と時間がかかる。

そこで最近では、何度か大きなシミュレーションを行ったら、そのデータをAIに覚え込ませて、AIに予想させるようになった。最初の状態を与えてあげると、あとはAIが勝手に予想してくれるのだが、コンピューターでシミュレーションして出てくる結果と同じものを、ごく短時間で出してくれる。

素粒子の研究でもＡＩがよく使われているようで、たとえば、粒子を高速でぶつけた後にどんな粒子ができたかを観測する際には、たくさんの粒子ができるので、どこにどれくらいのエネルギーでぶつかったかといった膨大なデータをもとに、「何が起きたのか」を導き出さなければいけない。そうした実験結果の解釈にもＡＩが使われている。

では、ＡＩを使うことでこれまでにわからなかったことがわかるようになるのだろうか。従来のコンピューターのように教えたことしかできないものであれば、たとえ処理能力が驚くほど速くなったとしても、新たな発見は生まれないだろう。

しかし、ＡＩがまさに人工知能として、人間と同じような知的能力を発揮しはじめれば何かが生まれるのではないか、と期待している。

人間の意識や心は物理学とは関係のないところから生まれているようにも見える一方、脳は電気信号で情報のやり取りをしていて、セロトニンなど特定の物質が足りなくなると働きが悪くなるといった、物質的な側面もある。もしも脳が物質によってコントロールされているのなら、ＡＩが人間と同じように自己の感覚や意識をもつこともあり得るのかもしれない。

粒子は、ひとつぶつけただけだと、とくにおもしろいことは起こらない。物理学の基本法則を使えば、「どうなるか」を予言することができる。2個ぶつけてもそれはあまり変わらない。ただ、3個以上になるとだんだん難しくなってきて、10の何十乗個となると、基本法則とは異なる性質があらわれてくる。このことを「創発現象」という。

生命が生まれたこと、生命が進化したことも、まさに創発現象だ。10の何十乗と積み重なると、あるところで突然、質的な転換が起こるのはよくあることだ。

そう考えると、AIも、学習させるデータが増えていくと、過去のデータから導き出される答えとは質的に異なるものを生み出す瞬間が訪れるのではないだろうか。

◎まとめ

数が増えれば、基本法則とは異なる現象が起こり得る。

AIも学習するデータが増えれば、

教えたこと以上の何かを生み出すかもしれない。

43 物理の道を志した「こっくりさん」事件とは

個人的な話で恐縮だが、私が物理学の道に進んだきっかけのひとつは、「こっくりさん」だった。

こっくりさんを知らない人のために説明すると、「こっくり（狐狗狸）さん」という霊を呼び出してお告げを聞くという、占いのような遊びだ。

「はい・いいえ」と「50音」「0〜9の数字」「鳥居の絵」「男・女」などと書いた紙を机の上に置き、その上に10円玉を乗せる。2、3人で机を囲み、全員の人さし指を10円玉の上に添えたまま「こっくりさん、こっくりさん、どうぞおいでください」と、こっくりさんを呼ぶ儀式をすると、10円玉がそろそろと動きだす。そうしたら、こっくりさんがやってきた合図なので、あとは、こっくりさんに聞きたいことを質問すると、10円玉が「はい」や「いいえ」のところに動いたり、50音を1文字ずつ指し示したりして答えを教えてくれるというものだ。

こっくりさんを終わらせるときにも決まった儀式があり、「こっくりさん、こっくりさん、どうぞお戻りください」と伝えて、10円玉が「はい」から「鳥居の絵」へ動いていけば終わりで、「はい」のほうへ行かないのに10円玉に添えていた指をパッと離して強引に終わらせてしまうと、呪いがかかるとか、憑りつかれるとか、そんな話があった。

このこっくりさんが、中学校時代にとにかく流行った。やったことのない人は「10円玉が勝手に動くわけがない、誰かがいたずらで動かしている」と思うだろう。ところが、やってみると、自分たちの意思とは関係のないところでなぜだか動くのだ。だから、「不思議だ、不思議だ」とみんなが夢中になっていた。

中学生だった私も、不思議に思うと同時に、科学では説明できない現象に怖さを感じていた。それで、「これは原理を解明しなければいけない」と思い立ち、まずは一人でやってみることにした。そうしたら、最初のうちこそ10円玉はまったく動かなかったが、絶え間ない練習を重ねているうちにだんだん10円玉が動くようになってきた。

10円玉を動かそうとしているわけではないのになぜか動いてしまうので、どういう法則が働いているのか、自分なりに実験を重ねて検証してみた。その結果わかったのは、自分が「こっちにいってほしい」と念じると、動かそうと思っていなくても自動的に動いてしまうということだった。

はたから見ていると、本人が動かしているんだろうと思うはずだ。ところが、やっている本人は大まじめで、意識的に動かしているつもりはまったくない。ただ「こっちに動くはずだ」「こっちに行ってほしい」と心で思っていると、まるで自分以外の誰かの力が働いているかのように、すーっと吸い寄せられるように動いてしまう。

つまりは、霊の仕業ではなく、自己暗示だった。

一人でできるようになった後、友人らともやってみたら、やはり結果は同じで、さらには、ほかの人たちがやっているときに「こっちに行くんじゃない?」「もしかしたらこうなるんじゃない?」などと言いながらそれとなく誘導すると、思いどおりの答えを引き出せるようにもなった。

そうわかったら、すっかり怖くはなくなった。

この経験で学んだのが、人は暗示にかかりやすいということだ。今でもこっくりさんは霊のせいだと言う人がいるが、そうではなく、気づかないうちに自己暗示にかかっていて、それが「10円玉が動く」という形であらわれるだけだ。こっくりさんを強制的に終わらせて憑りつかれた人を見たことはないが、もしもそういうことがあったとしたら、おそらくそれも自己暗示だろう。「霊に憑りつかれる」などと思っているから、偶然起こった嫌なことを結び付けてしまうのではないだろうか。

このときのことを今でも印象深く覚えているのは、「物理学をもっと学ぼう」と背中を押してくれた出来事だったからだ。中学生の頃から「物理を学ぶことで世の中の仕組みがわかるようになる」と、なんとなく思っていた。

ところがそこに、霊のお告げだというこっくりさんが流行し、物理学が教えてくれる世界とは完全に反した現象が繰り広げられているように見えた。でも、検証を重ねるうちに「霊のお告げではない」とちゃんと解き明かせたことが、自分にとってひとつの自信になった。同時に、すべてではないかもしれないけれど、科学で解明できることはたくさんあるんだ、と再認識させてくれたのが、若き日のこっくりさん事件だ。

◎まとめ

「こっくりさん」で10円玉が動くのは霊のお告げではなく自己暗示。

終章

日常の「当たり前」は「当たり前」ではないかもしれない

44

そこにモノは存在するのか

目の前にある物が、そこにあるということ。

それは疑いようのない事実だと誰もが思うだろう。たとえば、この本（単行本版）は触れば硬く、当然、本を持っている指が本の中を通り抜けることはない。扉だって同じだ。扉を開けて通り抜けることはできても、閉まったままの扉を通り抜けることはできない。透明人間でもあるまいし、そんなことは当たり前だと思うだろう。日常生活のなかではごく当たり前のことだが、もう少し細かい視点をもって見てみると、そう「当たり前」とは言えなくなる。

本も扉も、どんな物も、すべては原子の集まりでできている。私たちの体だってそうだ。無数の原子が集まって複雑な分子を構成し、できている。

では、原子はどんな構造をしているのかと言えば、原子核と、そのまわりにぼやーっと雲のように広がる電子（一般的には原子核のまわりを電子という粒が回っているイメージだが、量子論によって否定された）で構成されている。

原子核は、原子全体のおよそ10万分の1の大きさのごく小さな粒だ。一方、その小さな粒を覆っている電子は素粒子であり、質量はあるが体積はない。電子は体積のない点のようなものである。「体積のない点」と言われても想像がつかないかもしれないが、物理の法則を突き詰めていくと、そう考えなければ成り立たない。

だから、原子は、原子核という小さな粒を体積のない点が覆っていることになり、実は原子の中身はすかすかだ。

本も扉も、私たちの体も、すかすかな原子の集まりであり、すかすかなもの同士だ。それなのに、なぜ、私たちは本や扉を「硬い」と感じるのだろうか。すかすかなものを通り抜けることはできないのだろうか。

それは、物の表面にある電子と私たちの体（指や手）の表面にある電子が反発し合うからだ。電子はマイナスの電荷を帯びている。マイナスの電子とマイナスの電子が近づくと反発するため、それ以上近づくことはできず、物を構成している原子と私たちの体を構成している原子が重なることはない。だから、お互いにすかすかなのに通り抜けることはできない。

一つひとつの電子のもつ力は大きくないが、私たちの体も、本や扉といった物も無数の原子で構成され、無数の電子が集まっているため、よほど強い力を加えなければ、反発する力を振り切って近づくことはできない。では、もっと強力な力を加えれば電子と電子が反発する力を振り切って近づけるのかというと、その前に物が壊れてしまう。

ちなみに、押せば形が変わるような「やわらかい」物はというと、それは原子の配列の違いによる。無数の原子がきれいに並ぶことでその物の形を保っているが、原子の並び方を変形することができる物もある。それが、「やわらかい」ということ。

たとえば、氷も水も「水分子」でできていることは同じだが、氷は硬く、水は自由に動く。なぜなら、氷は、水分子がきちきちっと配列して、原子と原子がくっついているので形を変えることができない一方、水は、原子と原子がくっついていたり離れていたりしてゆとりがあるため、形を自由に変えることができるからだ。

つまり、物を構成している原子がどういう配列をしているのか、原子と原子の間にどういう力が働いているのかで、「硬い」「やわらかい」という性質が決まる。

一般の人は、「硬い」と感じる物は物質が詰まっているイメージをもっていると思う。ところが実際は、硬い物もすかすかの原子の集まりだ。

私たち物理学者は、すかすかな原子がぶつぶつぶつぶつ……と無数に集まっているイメージをもっている。そう考えると、硬く見える物を通り抜けられてもよさそうなものだが、実際は、電子が反発する力によって決して通り抜けられないのだ。

◎まとめ

原子の中身はすかすか。原子の集まりである物も私たちの体もすかすか。すかすか同士だが、原子を覆う電子のマイナスとマイナスが反発するため通り抜けられない。

45 あなたの知っていた「1キロ」は1キロではないかもしれない

当たり前なことが当たり前ではないと言えば、火星探査機の打ち上げという壮大なプロジェクトで、あることを当たり前だと思いすぎて確認が不足し失敗したという例がある。単位を間違っていたのだ。

アメリカ合衆国が1999年に「マーズ・クライメート・オービター」という火星探査機を打ち上げた。9カ月かけて火星に近づいていったのだが、あるとき、予定よりも低い軌道で火星に接近してしまい、行方不明となった。

その原因を調べたところ、単位間違いという単純なミスが判明した。軌道計算を担当していたあるチームが「ヤード・ポンド法」を使って計算し、そのデータを別の会社に送っていた。ところが、数値のみを送っていたため、受け取った側はてっきり「メートル法」の数値だと思い込み、換算しないまま、その数値を使って探査機を制御していたのだ。

９カ月もの間、お互いに気づくことなく単位を間違っていたわけだが、それでよく火星に近づくことができたものだと、むしろ感心してしまう。すぐに気づきそうな間違いだが、誰も気づけなかったのは、それだけ「単位」が身近で当たり前なものだからだろう。

たとえば、お米を買うときにパッケージに「1キログラム」と書かれていれば、「1キログラム入っているんだな」と思う。1キログラムは誰にとっても同じ「1キログラム」だからだ。単位とはそういうものだ。

ところが、1キログラムの定義が2019年に変わったことを知っているだろうか。

もともとは、「水1リットルの質量を1キログラムとしましょう」と定められていた。しかし、これでは水の性質に依存してしまう。気圧や温度が変われば水の体積は変わってしまうので、おおざっぱにはいいものの、定義としては少し頼りない。

そこで、「1キログラムはこれです」という最初のキログラム原器（アルシーヴ原器）がつくられたのが1799年のことだ。1キログラムの分銅をつくって、「これを1キログラムと呼びましょう」と定めた。

当初は白金製だったが、1889年から白金とイリジウムの合金で出来た国際キログラム原器に置き換えられ、フランスにある国際度量衡局に大事に保管されてきた。さらに、複製が世界各国に配布され、その国での1キログラムの基準となった。精密な1キログラムを知りたいときには国際キログラム原器や各国にある複製を量る必要があるが、頻繁に出し入れするとほこりがついたり劣化したりして微妙に重さが変わってしまう。だから、各国でさらに複製をつくったり、40年に一度は各国に配布された複製を集めて本家本元の国際キログラム原器と比べたりして運用していた。

それで精密な1キログラムを保てるのか、と思った人も多いだろう。実際、おおもとの国際キログラム原器も各国に配られた複製も、どんなに大事に保管していても経年劣化は免れず、年に1マイクログラム（100万分の1グラム）ほど相対的に変化していたそうだ。

これではよくないということで、国際キログラム原器が廃止され、新たな1キログラムの定義が導入されたのが2019年と、つい最近のことなのだ。

新しい「キログラム」は量子力学がもとに

新たな定義では、「プランク定数」というものが使われている。これは、光の速さや一つの電子がもつ電荷の大きさなどと同じように、誰がどんなところで測っても同じ値をとる「自然定数（物理定数）」のひとつで、量子力学に登場する定数だ。

プランクはドイツの物理学者の名前で、エネルギーは連続した値ではなく、とびとびの値しかとれないことを発見した人だ。プランクは「光のエネルギーは振動数に比例した単位でのみ受け渡しが行われる」という公式を導き出し、その比例定数（つまりは、光がもち得るエネルギーの最小単位）がプランク定数と名づけられた。

一方、エネルギーは光の速さを介して質量に換算できる。こちらはアインシュタインが導き出した公式だ。このふたつの式を組みわせ、プランク定数の値さえ固定されれば、結果的に「1キログラムはこの重さ」と決まる。

わかりにくいかもしれないが、プランク定数の値を「これ」と決めることができたから、1キログラムを定めることができたということ。ちなみに、定められたプランク定数の値は、「6・62607015×10のマイナス34乗（ジュール・秒）」だ。

新しい1キログラムは、水1リットルの質量とも、1キログラム原器の重さともほぼほぼ変わらない。量っても誰にも気づかれないくらいの違いである。

同じように「メートル」も、以前は「国際メートル原器」で定められていたが、

1983年から、光の速さをもとにした基準に変わった（1960年からは光の波長に基づく定義が使われていた）。

現在の1メートルの定義は、「1秒の299792458分の1の時間に光が真空中を伝わる行程の長さ」だ。ずいぶん中途半端な数字だな、と思うかもしれない。こうした数字になったのは、従来の「1メートル」と限りなく食い違わないようにしたためだ。

光の速さを30万キロメートル毎秒と考え、「3億分の1秒で、光が真空中を進む長さ」とすればわかりやすかったかもしれないが、そうすると、1メートルの長さが0・7ミリメートルほど短くなってしまう。

さらに、「1秒」は、かつては地球の自転を基準に定められていた。しかし、地球の自転スピードは、さまざまな影響を受けて速くなったり遅くなったりして毎年変わっている。精密な「秒」を決めるにはあてにならないということで、次に地球の公転をもとにした基準に変わったが、こちらは数年で終わり、現在は、原子から出てくる光の振動周期を基準に定められている。

同じ種類の原子からは、まったく同じ振動周期の光が出てくる。その性質を利用して、「セシウム133」という原子から出てくる光が91億9263万1770回振動する時間が、

1秒となった。それが1960年のことだ。

このように、重さ（キログラム）、長さ（メートル）、時間（秒）という基本的な単位は、現在、自然界の法則だけでピシッと定められている。

キログラムだけがごく最近まで国際キログラム原器を用いられていたのは、プランク定数を精密に測る技術がなかったからだ。プランク定数の値が決まれば1キログラムの重さも固定されることは以前からわかっていたが、プランク定数は量子の世界に出てくるもの。ごくごく小さな値だ。最近になって量子コンピューターが登場するなど、量子の世界の実験が進み、国際キログラム原器の誤差よりも精密に測ることができるようになったため、定義を変更することができたというわけだ。

◎まとめ

キログラムの新定義には、量子力学のプランク定数が使われている。キログラムもメートルも秒も、自然界の法則のみで定められている。

46

物事は3つ集まると複雑になる

10年以上前に、サイエンスライターの竹内薫さんが『99・9%は仮説』という本を書いてベストセラーとなった。そのプロローグで書かれていたのが、「飛行機はなぜ飛ぶのか？実はよくわかっていない」ということだった。

かいつまんで説明すると、飛行機が飛ぶのは、翼が「揚力」をもつからだ。揚力とは、流体（流れる物体）の中を進行する物体が、進行方向とは直角の方向に受ける力のこと。つまり、重たい機体が飛ぶことができるのは、重力に逆らって機体を持ち上げようとする上向きの力（＝揚力）が働くからだ。

では、なぜ翼は揚力をもつのだろうか。飛行機が前に進むと、空気は翼の前で上下に分かれ、翼の上を流れる空気は翼の下を流れる空気よりも速度が速くなる。この速度の差が重要だ。

「ベルヌーイの定理」という法則があり、同じ流れのなかでは速度の速い場所のほうが圧力は低くなることがわかっている。そのため、翼の上と下では圧力の差が生まれ、圧力の低いほうに吸い上げられるような上向きの力が働く。これが揚力だ。

ここまではいいのだが、問題は、なぜ翼の上では空気の流れが速くなるのか。

昔からよくいわれていたのは、次のような説明だ。

飛行機の翼は、下側が平らで上側は丸みを帯びているので、翼の上のほうが空気は長い距離を進むことになる。そして、翼の前で上下に分かれた空気は翼の後ろで再び一緒になるので、長い距離を進む上のほうが空気の流れる速度が速くなる、というもの。

この説明が、なぜかいたるところで使われていた。飛行機が飛ぶ原理をこのように紹介している本も多くあるので、いまだに勘違いしている人も多いかもしれないが、これは間違いだ。

なぜなら、上下に分かれた空気が後ろで同時に一緒になるとは限らない。実際、実験してみると、そうではないことがわかっている。

では、なぜ翼の上では速度が速くなり、上向きの力が働くのか――。

よくよく調べてみると、実は簡単には説明できないことがわかってきた。だから、「飛行機はなぜ飛ぶのか？　実はよくわかっていない」というわけだ。

だからといって、飛行機が飛ばないかというと、もちろんそんなことはない。

空気のように自由に変形する流体がどう動くとどういう力が働くのかを解き明かす「流体力学」に基づいてコンピューター上でシミュレーションを行えば、飛行機はちゃんと飛ぶという結果を得られる。ただ、計算をすれば飛行機が飛ぶという現象を再現することはできるが、それが飛ぶ原理の説明になるかというとまた別の話だ。

数が増えると基本法則とは異なる性質が出る

空気は、たくさんの素粒子が集まったものだ。素粒子ひとつの動きであれば、「どういう力が働けばどういう動きをするのか」という基本法則はわかっているので、あいまいさなく計算することができる。

ところが、3個以上になると徐々に難しくなり、さらに数が増えると、途端に計算ができなくなってしまう。素粒子の基本法則がわかっても、それだけでは「(素粒子の集まりである) 流体がどう動くのか」を説明することはできない。

物理学では、互いに影響を及ぼし合う粒子が多数集まったときにどのように動くのかは

「多体問題」といわれる。本来は数が増えても素粒子の法則を使ってすべて説明できるはずだが、実際は数が増えれば増えるほど難しくなり、あいまいさが残ってしまう。

また、粒子の数が多くなると、基本法則とは違う性質もあらわれてくる。前述した創発現象だ。たとえば、「エントロピーは増大する」と聞いたことがあるだろうか。エントロピーとは「乱雑さ」を表す物理量だ。乱雑であるほどエントロピーは大きくなり、乱雑でないほどエントロピーは小さくなる。「情報がどのくらいあるか」を表す量と考えることもできる。

箱の中を仕切りで区切り、片方は温度を高く、もう片方は温度を低くして、その後、仕切りを取ると、当たり前だが、空気が混ざり合って温度は一緒になる。仕切りを取る前と仕切りを取った後でエントロピーを計算すると、仕切りを取った後のほうがエントロピーは増えている。

逆に、温度が一定のところに仕切りを加えたからといって、温度の高い空気と温度の低い空気に自動的に分かれることはない。エントロピーは減らないからだ。情報が多いところから、情報が失われていく方向には進むけれど、逆に情報がないところから、情報があるほうには進まない。

こうした性質があることはわかっているが、素粒子の法則からは導き出すことはできない。素粒子の法則が教えてくれるのは、一つひとつの粒子の動きであり、エントロピーという概念は粒子がたくさん集まったときに出てくるものだ。そういう意味で、「エントロピーが増える」という性質も、粒子が多くなったときに基本法則からは予測できなかった性質があらわれる創発現象のひとつと言える。

一つひとつの素粒子の動きから、素粒子の集まりである空気の動きを正確に予測することはできないので、素粒子の法則はいったん忘れて、たくさんの素粒子の集まりである流体そのものがどう動くのかを解き明かそうということで生まれたのが、流体力学という分野だ。

流体力学では、素粒子の法則とは無関係に方程式があり、その方程式を用いて、流体の動きを予測する。先ほどの飛行機の話だけでなく、たとえばボールのスピンがどうして起こるのか、風が吹いたときに物がどう倒れるのか、なぜビル風が起こるのか……など、流体力学は実生活との関わりが深い。

以前に、アメリカでタコマ橋という吊り橋が完成からわずか4カ月で崩壊してしまったことがあった。原因は、横風だ。風速19メートル毎秒と決して強い風ではなかったが、横風が橋にぶつかって渦をつくり、その渦の発生周期と橋がもつ振動の周期がピタッと合ってしまったため、勢いよく揺れて壊れてしまった。こうしたことも流体力学で説明することができるが、当時（1940年）は予見できなかった。

数の多いものの動きを予見するには、一つひとつの物の動きから予見するのではなく、全体の動きをとらえることが必要になる。

◎まとめ

飛行機が飛ぶ理由を説明するには、「流体」の動きを知る必要がある。
流体は素粒子の集まりだが、素粒子の法則では流体の動きは説明できない。
流体の力学を知るための物理学が、流体力学。

47 渡り鳥とオーロラの共通点とは

季節ごとに長い距離を移動する渡り鳥は、主に南北を移動している。キョクアジサシという渡り鳥は、北極圏と南極圏を毎年行き来している。私たち人間からすると、よく迷子にならずに方向がわかるものだと感心してしまうが、渡り鳥たちは地球の「磁場」を感知することで方向を把握しているという。

ほかにも星を見ているといった説もあるが、星はいつも同じ方向にあるわけではなく、地球の自転に伴ってぐるぐる回っているのだから、星を頼りに方向を決めるにはよほど頭がよくなければ難しい。また、電磁波のノイズがあると、磁場を感知する力が狂い、鳥たちは方向を見失ってしまうという実験結果もある。

磁場とは、磁力の作用する空間のことだ。地球は、全体が大きな磁石になっていて、S極が北に、N極が南にある。逆じゃないかと思うかもしれない。しかし、私たちがもっている磁石のN極が北を向きS極が南を向くのは、N極は北にあるS極に引き付けられ、S極は南にあるN極に引き付けられるからだ。

地球の内部に北極をS極、南極をN極とする棒磁石があり、N極（南極）から出てS極（北極）に入る磁力線が走り、地球の表面をぐるりと覆うように磁場が形成されているといったイメージだ。

地球全体が磁石となって磁場が発生するのは、地球の中心部に電流が流れているからだ。コイルと同じで、電流が流れると、その流れる方向と垂直な方向に磁場が発生する。

理科の授業で、右手でグッドサインをして親指以外の4本の指を電流の流れる向きに合わせると親指の方向が磁場の向きになる、と習ったと思う。あれと同じだ。

地球の内部で自転と反対方向に電流が流れているから、現在のような向きの磁場が生まれた。

地球の内部がどうなっているのかは直接的に調べることができないので完全にはわかっていないが、地球の中心部には鉄やニッケルなどの金属でできた部分（中心核）があり、その内側（内核）は固体、外側（外核）は液体になっている。その液体の部分が、地球の自転などの影響を受けてゆっくり動くことで電流が流れ、磁場を発生させていると考えられている。これを「ダイナモ理論」といい、今のところ、地球の磁場を説明する最も有力な仮説だ。

そして、地球の磁場の向きは、この先ずっと同じではない。というのは、過去３６０万年の間に11回、地球のN極とS極は逆転している。このことを「地磁気逆転」という。直近では、78万年ほど前に起こっている。つまり、その前には私たちのもっている磁石のN極は南を向き、S極が北を向いていたということだ。

ちなみに、太陽では比較的頻繁に磁場の向きが逆転している。おおよそ11年周期で起こっていることはわかっているが、なぜ頻繁に入れ替わるのか、どんなメカニズムで起こるのかは不明だ。

地球の地磁気逆転にしても、向きが変わったということは地球の内部を流れる電流の向きが変わったと考えられるが、詳しいことはわかっていない。

ただ、地球の磁場を観測していると、磁場の強さは年々弱まっているそうだ。過去２００年で10パーセントほど弱まったと報告されている。そのため、そう遠くない将来逆転現象が起こるのではないかと言う専門家もいるが、具体的にいつ起こるのか、どういう

地球の磁場はバリアになっている

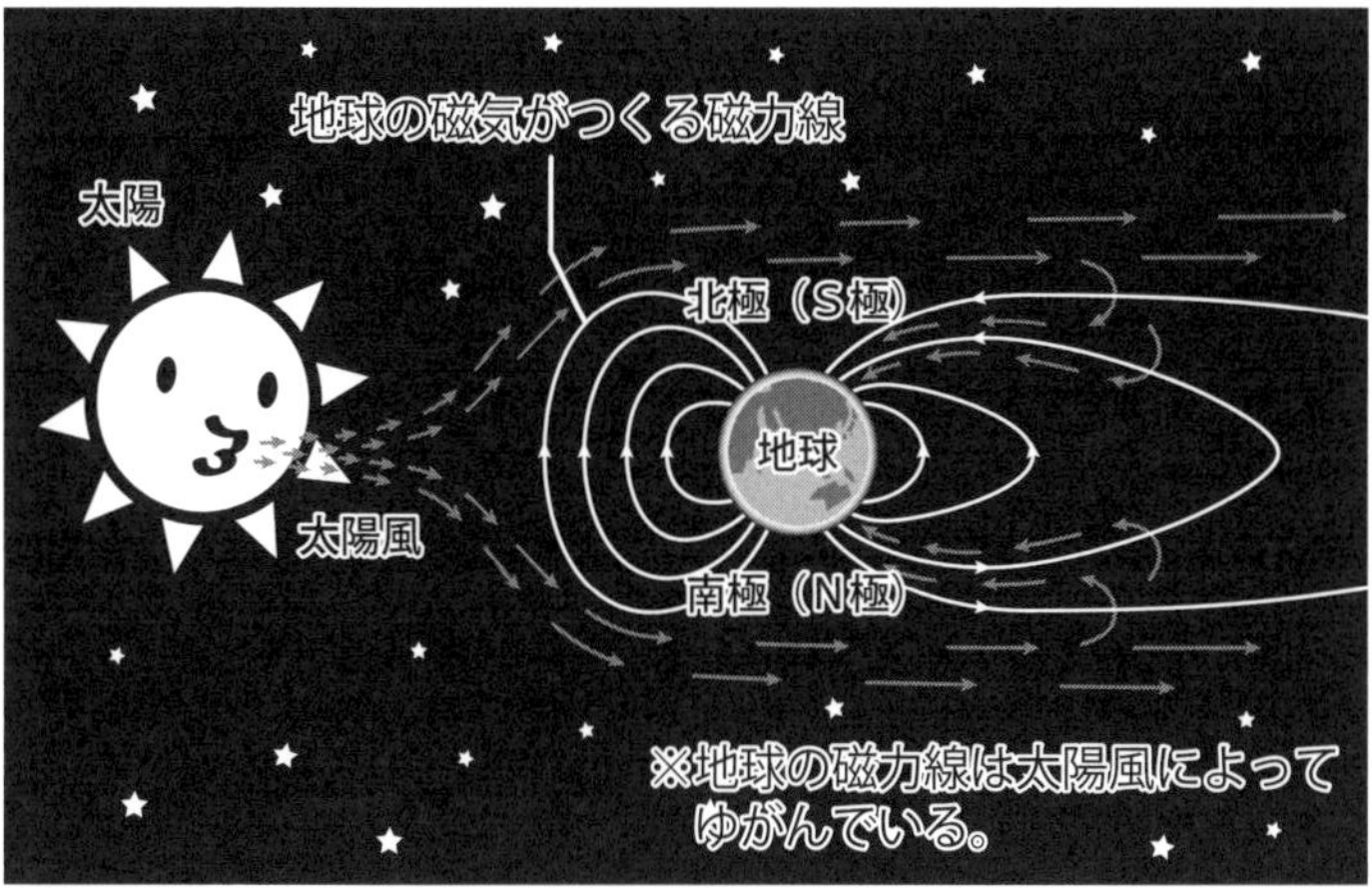

メカニズムで起こるのかはやはり不明だ。

磁場は地球を守るバリア

確実なのは、地球に磁場があることで私たちは守られているということ。

地球を覆う磁場があるから、太陽からの有害な放射線が地球に降り注ぐことなく、私たちは安全に暮らすことができる。

太陽からは、陽子と電子を主成分とする太陽風が常に放出されているが、とくにプラスの電荷をもった粒子である陽子がどんどん地球に降り注いでくると危険だ。しかし、磁場があると、電荷をもつ粒子は磁力線に沿った二方向にしか進めないという性質があるため、磁場を突っ切って垂直に進むことはできない。

そのため、太陽風に含まれている陽子も電子も磁力の方向にぐるぐる巻き付けられるように進んでいくので、磁力線に沿って地球を回り込むように進み、地球に直接降り注ぐことはない。

ただ、磁力線の出どころである北極と南極には、やや降り注いでくる。これが、オーロラの正体だ。

太陽風に含まれる陽子や電子などの電荷をもった粒子が、北極や南極の上空で大気に含まれる酸素原子や窒素原子と衝突した結果、光が出る。この光がオーロラだ。

光が出る理由は、衝突された原子がエネルギーをもらって「励起状態」になるから。励起については5章のレーザーのところでも紹介したが、もう一度説明しよう。太陽風に乗ってやってきた荷電粒子（主に電子）が窒素原子や酸素原子に衝突すると、その原子内の電子にエネルギーが渡り、いつもよりも外側の軌道を回るようになる、この状態を励起という。

ただ、励起している状態の電子は不安定なため、しばらくするとまた定位置に戻っていく。このときにエネルギーの差を光（電磁波）として放出する。その光が、幻想的なオーロラとしてあらわれる。

もしも地球に磁場がなかったら、美しいオーロラも存在しなかっただろう。

そして何より、もしも地球に磁場がなかったら、太陽が放出する有害な放射線から地球を守るバリアがなくなるので、私たちは今のようには暮らせなかっただろう。そもそも生物も存在しなかったかもしれない。

地球と同じように岩石でできた惑星は、太陽系のなかでは水星、金星、地球、火星の4つだが、このうち磁場をもっているのは地球と水星だけだ。ただし、水星の磁場は地球に比べるとだいぶ弱い。ちなみに、月にも地球のような磁場はない。

強力な磁場があることも、地球が「奇跡の星」といわれる理由のひとつだ。私たちの当たり前の毎日は、実は地球の磁場に守られている。

◎まとめ

渡り鳥もオーロラも、地球の磁場が関係している。

地球のまわりを覆う磁場は、有害な太陽風から身を守るバリアのようなもの。

磁場のある惑星は限られている。

おわりに

私が専門としている宇宙論では、「ダークエネルギー」が大きな研究テーマになっている。ダークエネルギーとは、何かはわからないが、宇宙全体に広がっている未知のエネルギーのことだ。

この本のタイトルになっている「日常の不思議」ではないかもしれないが、誰もがふとしたときに「この青い空はどこまで続くのだろう?」「宇宙にはどんな世界が広がっているのだろう」などと、宇宙に思いを馳せたことがあるのではないだろうか。

宇宙を観測する技術が格段に上がり、今では遠くにある星、それこそ100億光年も先にあるような星の超新星爆発が「地球からどのくらいの距離か」を非常に精緻に見積もることができるようになってきた。そうしてわかったのが、宇宙の膨張が徐々に速くなってきていることだ。

宇宙は、138億年前に熱い火の玉のような宇宙(ビッグバン宇宙)として生まれ、今でも膨張を続けている。誕生後に急激にバーンと大きくなり、その後、膨張するスピードは遅くなっていたが、遠くの星を精緻に観測してみると、どうやら40億年前あたりを境に、徐々に膨張スピードが速くなってきていることがわかってきた。

宇宙には多くの天体があり、重力が働いているのだから、普通に考えると引っ張り合う力が働いて膨張のスピードは遅くなっていくはずだ。ところが、不思議なことに、宇宙の膨張は加速している。ということは、加速させる何らかの原因がなければ説明がつかない。

そこで真剣に考えられるようになったのが、「私たちの知らない何らかのエネルギーが宇宙には薄く広く存在している」ということ。それが、ダークエネルギーだ。

ただし、ダークエネルギーは宇宙にごく薄く広がっていると考えられるエネルギーなので、直接的に観測することができない。

そのため、現状では、つじつま合わせの理論以外の何物でもない。「ダークエネルギーがある」と仮定すると、今起こっていることを簡潔に説明することができる。膨張のスピードが一旦遅くなった後、ある程度宇宙が大きくなったところで、膨張のほうが勝って膨張スピードが加速するようになり、あとは永遠に加速し続けるというシナリオがきれいに成り立つ。

しかし、ダークエネルギーなんて見せかけのものにすぎないと考える研究者もいる。ただ、そうすると、非常に複雑な理論を引っ張り出して、こねくり回さなければ現状を説明することはできない。

だから、ダークエネルギーがあると仮定するほうが、現状では人気だ。とはいえ、どんなに美しい理論も実験や観測で証明されなければ、正しい理論とは言えない。

ダークエネルギーが本当にあるのか、薄く広がったエネルギーなのか、あるいはあるところに固まって存在するのかといったことを観測で明らかにするために、世界中の宇宙物理学者が知恵を出し合って、新たな観測方法を考えているところだ。

今、最も有望視されているのは、宇宙に大量にある銀河をできるだけたくさん観測し、何十億光年先、100億光年先という遠くの光から宇宙の膨張を探ることだ。

物理学は、宇宙のように広大な世界から、原子や素粒子といったミクロな世界にまで、私たちを誘ってくれる。私たちの日常からはかけ離れた世界のように見えるかもしれないが、この本でもいくつか紹介したように、先人たちの研究の成果が今の私たちの生活を便利にしてくれている。

今わからないことも10年後、20年後、50年後にはわかっているかもしれない。

そして、日常に隠れている身近な「不思議」を探ることは、先人たちが導き出した世の中の法則を知ることにつながっている。ときには子どもの頃のように「なぜ?」を楽しんでみると、ほんの少しまわりの世界が広がるかもしれない。それでなくとも宇宙は今も広がり続けているのだから。

2020年7月　松原隆彦

【参考文献】
『医療系のための物理　第2版』佐藤幸一・藤城敏幸（東京教学社）
『時間は存在しない』カルロ・ロヴェッリ（NHK出版）
『The Anthropic Cosmological Principle』John D. Barrow, Frank J. Tipler (Oxford Paperbacks)

松原隆彦（まつばら・たかひこ）
高エネルギー加速器研究機構、素粒子原子核研究所・教授。博士（理学）。京都大学理学部卒業。広島大学大学院博士課程修了。東京大学、ジョンズ・ホプキンス大学、名古屋大学などを経て現職。主な研究分野は宇宙論。日本天文学会第17回林忠四郎賞受賞。著書は『現代宇宙論』（東京大学出版会）、『宇宙に外側はあるか』（光文社新書）、『宇宙の誕生と終焉』（SBクリエイティブ）、『文系でもよくわかる 世界の仕組みを物理学で知る』（山と溪谷社）など多数。

文系でもよくわかる
日常の不思議を物理学で知る

2020年8月1日　初版第1刷発行

著　者　松原隆彦
発行人　川崎深雪
発行所　株式会社 山と溪谷社
〒101-0051
東京都千代田区神田神保町1丁目105番地
https://www.yamakei.co.jp/

印刷・製本　大日本印刷株式会社

◆乱丁・落丁のお問合せ先
山と溪谷社自動応答サービス
電話 03-6837-5018
受付時間／10：00～12：00、13：00～17：30
（土日・祝日を除く）
◆内容に関するお問合せ先
山と溪谷社
電話 03-6744-1900（代表）
◆書店・取次様からのお問合せ先
山と溪谷社 受注センター
電話 03-6744-1919　FAX 03-6744-1927

乱丁・落丁は小社送料負担でお取り換えいたします。

Printed in Japan
ISBN978-4-635-13012-7

編集　高倉 眞
　　　橋口佐紀子
デザイン　松沢浩治（DUG HOUSE）
本文イラスト　ガリマツ
校正　中井しのぶ